W0012156

30 Minuten

Hybride Events

Dinah Vetter, Larissa Cornely, Dr. Katja Bett

Bibliografische Information der Deutschen Nationalbibliothek. Die Deutsche Nationalbibliothek verzeichnet diese Publikation in der Deutschen Nationalbibliografie; detaillierte bibliografische Daten sind im Internet über http://dnb.d-nb.de abrufbar.

ISBN 978-3-96739-137-4

Umschlaggestaltung: die imprimatur, Hainburg
Umschlagkonzept: Buddelschiff, Stuttgart – www.Buddelschiff.de
Lektorat: Silke Martin, Kriftel
Autorenfoto Dr. Katja Bett: Petra Perez
Autorenfoto Larissa Cornely: Sarah-Maria Engel
Autorenfoto Dinah Vetter: Chris Speda
Satz: Zerosoft, Timisoara (Rumänien)
Druck und Verarbeitung: Salzland Druck, Staßfurt

© 2023 GABAL Verlag GmbH, Offenbach
Alle Rechte vorbehalten. Nachdruck, auch auszugsweise, nur mit schriftlicher Genehmigung des Verlags.

Wir drucken in Deutschland.

www.gabal-verlag.de
www.gabal-magazin.de
www.twitter.com/gabalbuecher
www.facebook.com/gabalbuecher
www.instagram.com/gabalbuecher

PEFC zertifiziert
Dieses Produkt stammt aus nachhaltig bewirtschafteten Wäldern und kontrollierten Quellen.
www.pefc.de

Wir übernehmen Verantwortung! Ökologisch und sozial!
- Verzicht auf Plastik: kein Einschweißen der Bücher in Folie
- Nachhaltige Produktion: Verwendung von Papier aus nachhaltig bewirtschafteten Wäldern, PEFC-zertifiziert
- Stärkung des Wirtschaftsstandorts Deutschland: Herstellung und Druck in Deutschland

Wissen auf den Punkt gebracht

Dieses Buch ist so konzipiert, dass Sie in kurzer Zeit prägnante und fundierte Informationen aufnehmen können. Mithilfe eines Leitsystems werden Sie durch das Buch geführt. Es erlaubt Ihnen, innerhalb Ihres persönlichen Zeitkontingents (von 10 bis 30 Minuten) das Wesentliche zu erfassen.

Kurze Lesezeit

In 30 Minuten können Sie das ganze Buch lesen. Wenn Sie weniger Zeit haben, lesen Sie gezielt nur die Stellen, die für Sie wichtige Informationen beinhalten.

- Schlüsselfragen mit Seitenverweisen zu Beginn eines jeden Kapitels erlauben eine schnelle Orientierung: Sie blättern direkt zu dem Thema, das Sie besonders interessiert.
- **Zahlreiche Zusammenfassungen innerhalb der Kapitel erlauben das schnelle Querlesen.**
- Ein Fast Reader am Ende des Buches fasst alle wichtigen Aspekte zusammen.
- Ein Register erleichtert das Nachschlagen.

Inhalt

Vorwort

Hybride Events vereinbaren das Beste aus zwei Welten miteinander: die Face-2-Face-Situation vor Ort kombiniert mit der Online-Welt. Richtig gut gemacht können wir in vielen Bereichen des beruflichen Alltags davon profitieren: im Training, in Workshops, bei Großveranstaltungen, Tagungen, in Coaching-Situationen und mehr. Überall, wo Menschen zusammenkommen, um gemeinsam zu lernen, zu arbeiten, sich auszutauschen, etwas zu entwickeln, sind wir nun nicht mehr länger von einem Veranstaltungsort abhängig, zu dem alle Personen anreisen müssen.

So ganz einfach ist es dann aber doch nicht. Der Sprung in die hybride Welt stellt uns vor viele Herausforderungen. Wir müssen gleichzeitig und souverän vieles auf einmal meistern: die Technik bedienen, die Gruppe vor Ort im Blick behalten, die Online-Teilnehmenden im besten Fall gleichberechtigt einbinden, interaktive Methoden für die Aktivierung aller nutzen, die Motivation aufrechterhalten, ggf. Lerninhalte gekonnt vermitteln, sodass sie Face-2-Face genauso gut wirken wie virtuell. Wir müssen beide Welten gleichzeitig strukturieren, organisieren und noch viel mehr und brauchen dafür eine hohe didaktisch-methodische Kompetenz.

Selbst als versierte Trainer:in, Moderator:in, Berater:in bzw. Veranstalter:in ist man zudem selbst hohen Mehrfachanforderungen, alleine schon durch die Einbindung der Technik, ausgesetzt. Es genügt nicht mehr, das Flipchart gekonnt zu bespielen, sondern es muss stattdessen ein digitales Concept Board sein. Bei einer Blitzlichtrunde reicht es nicht mehr aus, diese einfach anzumoderieren, sondern es bedarf Mikrofonen, damit die Online-Teilnehmenden die einzelnen Präsenzteilnehmenden hören, und zusätzlichen Raummikrofonen, damit die Kommunikation auch in die andere Richtung funktioniert. Hinzu kommen die Besonderheiten der sozialen Situation: Es gibt viele Methoden aus dem klassischen Training, die im hybriden Setting nicht mehr funktionieren, sondern angepasst werden müssen an die nun eingesetzte Technologie. Zweier- oder Dreiergruppen aus Online- und Präsenzteilnehmenden spontan umzusetzen, ist immer noch ein hoher technischer Aufwand, der sich nur bedingt lohnt.

Wir möchten Sie mit diesem Buch mitnehmen in die hybride Event-Welt und Fragen beantworten wie: Was sind hybride Events eigentlich genau? Was ist ein Worst Case und was heißt Best Practice? Welche Erklärungen bietet uns die Lernforschung? Wie kann ich konkret den typischen Herausforderungen begegnen, die nicht nur in der Technik liegen, sondern vor allem auch in der oft unterschätzten sozialen Präsenz? Wie schaffe ich eine gute Atmosphäre für alle? Welche Methoden haben sich inzwischen bewährt und welche Technik-Tipps sind relevant? Auf diese und weitere Fragen liefern wir Ihnen konkrete Antworten.

Dinah Vetter, Larissa Cornely und Dr. Katja Bett

Wie sollten Sie hybride Veranstaltungen nicht aufbauen und umsetzen?

Welche Herausforderungen müssen Sie bei hybriden Veranstaltungen überwinden?

Wie planen Sie hybride Veranstaltungen didaktisch sinnvoll?

1. Die wichtigsten Faktoren

Zunächst einmal stellt sich die Frage: Was ist hybrid überhaupt? Kurz und knapp formuliert: Ein Seminar, Workshop oder Training ist dann eine hybride Veranstaltung, wenn die Teilnehmenden vor Ort (Präsenzteilnehmende) und die Teilnehmenden, die online zugeschaltet sind (Online-Teilnehmende), parallel und gleichzeitig teilnehmen. Lediglich ihr Aufenthaltsort variiert.

Wie in jedem Trainings-, Workshop- oder Veranstaltungsformat gibt es einige wichtige Faktoren zu beachten, damit diese hybriden Events erfolgreich durchgeführt werden können. Diese Faktoren sind wie in fast jedem didaktischen Umfeld sehr umfangreich und vielfältig, trotz allem wollen wir in diesem Kapitel versuchen, die wichtigsten dieser Faktoren darzulegen und Ihnen zu erläutern, damit auch Ihre hybride Veranstaltung, Ihr hybrides Training zu einem Erfolg wird.

Dazu starten wir zunächst einmal mit einem Kopfstand – und mit der Frage: *Wie sollte Ihre Veranstaltung auf keinen Fall aufgebaut und umgesetzt werden?* Denn gerade durch diesen Kopfstand können wir wichtige Einblicke und neue Perspektiven gewinnen.

1.1 Worst Practice

Im Folgenden werden zwei Szenarien beschrieben, die wir aus Teilnehmendensicht selbst schon erlebt haben. Es ist also ein gleichsam realistischer Blick darauf, wie hybride Veranstaltungen heutzutage häufig noch ablaufen und umgesetzt werden. Und damit eben auch, wie sie eigentlich *nicht* umgesetzt werden sollten.

Szenario 1 (als Teilnehmer:in)

Stellen Sie sich einmal vor: Sie haben eine Konferenz Ihrer Wahl gebucht und freuen sich nun schon seit Wochen auf die Teilnahme. Im Übrigen konnten die Teilnehmenden bei der Anmeldung bereits angeben, ob sie online oder in Präsenz teilnehmen möchten. Sie haben sich für die Online-Variante entschieden, da die Anreise von 300 Kilometern für einen Tag terminlich einfach nicht möglich gewesen wäre. Die Teilnahmegebühren waren zwar dieselben, aber dabei spart man sich ja immerhin die Übernachtungs- und Fahrtkosten.

Nicht gesehen und gehört werden

Sie sind also voll motiviert, gut vorbereitet und sitzen mit Ihrem Laptop erwartungsvoll am Arbeitsplatz. So weit, so gut. Die Veranstaltung startet um 9 Uhr – eine kurze Einführung im großen Plenum. Leider ist der Ton schlecht und die Kamera im Raum sehr weit weg, sodass Sie die Teilnehmenden und den Sprecher (oder ist es eine Sprecherin?) nicht sehen und nur mit Unterbrechungen hören können.

Um die Teilnehmenden online scheint sich niemand so richtig zu kümmern – auf Ihre Anmerkung im Chat, dass das Audio nicht wirklich hörbar ist, reagiert niemand. Schade. Wenn Sie das jetzt richtig verstanden haben, soll es nun in Kleingruppen weitergehen. Hierzu können sich die Teilnehmenden zu den Themen ihrer Wahl eintragen und werden online in den jeweiligen Raum geschaltet. Sie können dem Vortrag der Expertin lauschen, Fragen von Ihnen können aber leider nicht eingebracht werden. Es scheint kein:e Co-Moderator:in im Raum zu sein, der/die Ihre Frage an die Vortragende kommuniziert.

Abseits des Geschehens vor Ort

Als Nächstes gibt es eine Stunde Zeit zum Netzwerken und zum Austausch bei Kaffee und Tee. Das gilt allerdings nur für die Teilnehmenden vor Ort – online geht es wohl erst mit den nächsten Vorträgen in einer Stunde weiter. Für Sie heißt das also: Pause oder weiterarbeiten. Schade, das Netzwerken wäre eine tolle Abwechslung und Möglichkeit der Gewinnung von potenziellen Kund:innen gewesen! Nach anderthalb Stunden fällt Ihnen auf: Oh nein – Sie haben den Anschluss verpasst! Wo ist noch mal der Link zur Veranstaltung? Gefunden! Leider ist niemand mehr im Hauptraum und kann Ihnen weiterhelfen.

Dieses Szenario können wir problemlos noch weiterspinnen – vielleicht finden Sie schon die eine oder andere Parallele zu Veranstaltungen, die Sie bereits besucht haben. Schauen wir uns aber zunächst noch ein weiteres Szenario an.

Nun versetzen Sie sich einmal in die Rolle des/der Trainierenden. Ihr Training wurde spontan auf die hybride Teilnahme umgestellt, da 50 Prozent der Teilnehmenden (10 Personen) nicht vor Ort sein können. „Das macht ja keinen Unterschied", denken Sie sich und belassen Ihren gut erprobten Präsenztrainerleitfaden und Ihr Feinkonzept genauso, wie es ist. Mit Ihrer Erfahrung werden Sie das schon stemmen können.

Fehlende Vorbereitung

Sie erscheinen ca. eine Stunde vor Trainingsbeginn bei Ihrem Kunden, um alles vorzubereiten. Einen Link für die Teilnahme im virtuellen Besprechungsraum haben Sie bereits im Vorfeld erhalten.

Sie wählen sich ein und schon prasseln Fragen auf Sie ein, derer Sie sich vorab nicht bewusst waren:

- Kennen die Teilnehmenden den Link eigentlich ebenso?
- Wie können die Teilnehmenden Sie gut sehen und hören?
- Wie können die Teilnehmenden sich gegenseitig gut hören und sehen?
- Wie sollen alle Teilnehmenden zusammenarbeiten, denn Ihre Methoden beziehen sich auf Flipcharts zum Sammeln der Ergebnisse?
- Wie sehen die Teilnehmenden Ihre vorbereiteten Flipcharts?

Viele weitere Fragen schießen Ihnen durch den Kopf. Letztendlich entschließen Sie sich dafür, den Laptop eben gut sichtbar hinzustellen, und hoffen, dass die Teilnehmenden Sie so gut wahrnehmen können.

Unerwartete Probleme

Nach dem Start des Trainings wird schnell klar: So einfach, wie Sie sich das gedacht haben, ist das Ganze gar nicht. Die Teilnehmenden online und vor Ort hören sich gegenseitig nicht gut und somit sind die Online-Teilnehmenden mehr Zaungäste als tatsächlich gleichwertige Gruppenmitglieder. Das ist zwar die einfachste Variante für Sie als Trainer:in – vor allem ohne entsprechende Vorbereitung.

Nachdem die Veranstaltung zu Ende ist und die Teilnehmenden ein kurzes Feedback hinterlassen haben, wird aber schnell klar: Die Veranstaltung scheint für Präsenzteilnehmende vor Ort zwar gelungen gewesen zu sein, für die online Zugeschalteten war das Training allerdings ein Reinfall.

Ähnlich wie beschrieben laufen aufgrund von zu geringer Vorbereitung und auch zu geringem Wissensstand zur Didaktik hybrider Veranstaltungen leider nach wie vor viele hybride Veranstaltungen und Trainings ab.

Der Kopfstand – wie soll es nicht ablaufen? – hat uns gezeigt: Sie können ohne die richtige Vorbereitung bei hybriden Veranstaltungen und Trainings viele Fehler machen, unter denen vor allem die online zugeschalteten Teilnehmenden, aber natürlich auch das Format an sich leiden.

1.2 Herausforderungen und theoretischer Hintergrund

Schauen wir uns zunächst einmal die zentralen Herausforderungen und den theoretischen Hintergrund an, um daraus ableiten zu können, was tatsächlich wichtig ist, um erfolgreiche hybride Veranstaltungen und Trainings umzusetzen.

In der Forschung gibt es Stand heute noch keine belastbaren Studien oder empirisch basierten didaktischen Theorien zu dieser Veranstaltungs- bzw. Trainingsform, weshalb wir uns hier mit bestehenden Theorien auseinandersetzen und diese auf die hybride Veranstaltungs- und Trainingsform übertragen.

Im Fokus steht hier vor allem der Einbezug der online zugeschalteten Teilnehmenden, denn diese Teilnehmenden werden, wie aus Kapitel 1.1 gut ersichtlich, meist nicht ausreichend einbezogen und gerne mal vernachlässigt.

Cognitive Load Theory

Starten wir mit einer recht bekannten Theorie aus dem Jahre 1998 (Sweller et al.): die Theorie der kognitiven Belastung oder auch Cognitive Load Theory genannt. Wir wollen an dieser Stelle keinen theoretischen Deep Dive hinlegen, allerdings kurz die Fakten rund um diese Theorie erläutern: In der Cognitive Load Theory (CLT) wird davon ausgegangen, dass für den Wissenserwerb vor allem das Arbeitsgedächtnis und dessen Kapazität im jeweiligen Moment eine zentrale Rolle spielen. Während das Langzeitgedächtnis eine unbegrenzte Auffassungskapazität besitzt, ist das Arbeitsgedächtnis eingeschränkt.

⇨ **Kurz gesagt** bedeutet das: Durch zu viel Belastung im Arbeitsgedächtnis können wir keine Inhalte mehr aufnehmen, d. h. auch nicht lernen. Das wollen wir natürlich vermeiden – nur wie?

Belastungen des Arbeitsgedächtnisses

Schauen wir uns diesen Engpass im Arbeitsgedächtnis ein wenig genauer an. Es gibt drei Formen von Belastung, die unser Arbeitsgedächtnis beim Lernen beeinflussen:
1. den Intrinsic Cognitive Load (ICL)
2. den Extraneous Cognitive Load (ECL)
3. den Germane Cognitive Load (GCL)

Der ICL wird über den **Lerninhalt** definiert, d. h. wie komplex das Lernfeld ist und wie viel Vorwissen zum Thema bei dem/der Lernenden zur Verfügung steht.

Der ECL bezieht sich auf die **Gestaltung des Lernmaterials und des Lernumfeldes**. Wenn hier viele Kapazitäten im Arbeitsgedächtnis genutzt werden müssen, weil die Lernmaterialien und das Lernszenario nicht optimal dargestellt werden, ist unser Arbeitsgedächtnis schon viel weniger in der Lage, die wichtigen Lerninhalte zu verarbeiten und zu behalten.

Zuletzt ist der GCL zu nennen, der ein Zusammenspiel des ICL und ECL darstellt – er bezeichnet die gesamte **kognitive Last**, die auf das Arbeitsgedächtnis wirkt. So ist beispielsweise bei einem hohen ECL die Verarbeitungskapazität des ICL geringer und andersherum bei einem hohen ICL die Verarbeitungskapazität des ECL reduziert (s. Abb. 1).

Beispiel ECL bei Technikunerfahrenheit

Was bedeutet das nun bezogen auf unseren hybriden Veranstaltungskontext? Schauen wir uns dazu ein kurzes hypothetisches Beispiel an: Versetzen wir uns einmal in die Lage einer Teilnehmenden, die online an einer hybriden Veranstaltung teilnimmt. Wenn die Teilnehmende nun primär damit beschäftigt ist, sich mit der Technik auseinanderzusetzen, weil sie nicht versteht, wie beispielsweise das VC-Tool (Virtual Classroom/virtueller Schulungsraum) funktioniert oder wie das hybride Setting aufgebaut ist, ist der ECL stark erhöht und entsprechend können die eigentlichen Lerninhalte gar nicht aufgenommen werden.

Die folgende Grafik illustriert diese Situation:

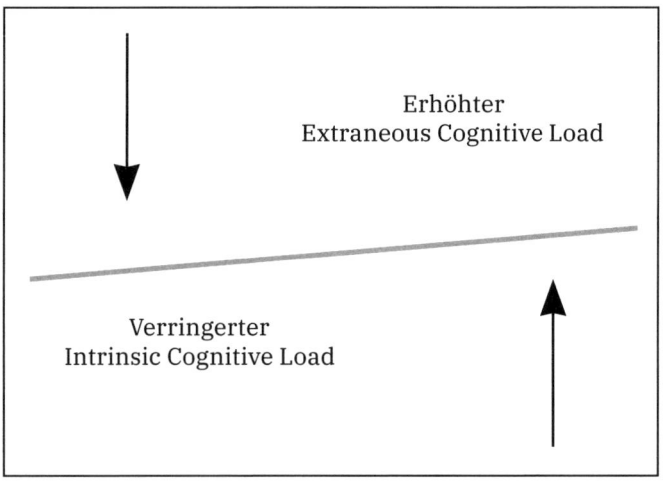

Abb. 1: Wechselwirkung von ICL und ECL

Dasselbe Prinzip lässt sich natürlich nicht nur auf Teilnehmende hybrider Veranstaltungen anwenden, sondern ebenso auf Sie als Trainer:in bzw. Vortraggeber:in. Wenn Sie nun stark mit dem hybriden Setting und den Herausforderungen rundherum beschäftigt sind, wird Ihr ECL erhöht sein und somit Ihr ICL entsprechend geringer. Somit leidet meist die Lehrkompetenz und die Teilnehmenden (egal ob vor Ort oder online) werden entsprechend weniger gut geschult oder gehen gar unzufrieden aus der Veranstaltung heraus.

Social Presence Theory
Schauen wir uns im nächsten Schritt einmal die Social Presence Theory kurz und knapp an. Das Modell wurde zwar bereits 1976 von Short, Williams und Christie entwickelt, gibt jedoch nach wie vor interessante Einblicke und Erkenntnisse hinsichtlich der computerbasierten Kommunikation. Mit sozialer Präsenz wird in der Social Presence Theory das Gefühl sozialer Zugehörigkeit beschrieben bzw. in welchem Maß wir uns als Personen in einem Lernumfeld gesehen fühlen und als Teil einer Gruppe wahrnehmen, auch als Gemeinschaftsgefühl bezeichnet. Es sei angemerkt, dass die Definition sozialer Präsenz widersprüchlich und sehr vielfältig über verschiedene Theorien verwendet wird, wir bleiben für unseren Kontext allerdings erst einmal bei der oben genannten.

Wie sind wir eingebunden?
Der Grad der empfundenen sozialen Präsenz ist für die Verbesserung der Zufriedenheit der Teilnehmenden jeder (Trai-

nings-)Veranstaltung und auch für deren Effektivität entscheidend, ganz besonders jedoch für die Online-Teilnehmenden, so argumentiert Tu im Jahr 2000/2001. Das erscheint logisch, denn wenn wir uns selbst als Lerner:in im Online-Lernraum nicht gesehen und gehört fühlen, schalten wir meist nach einer gewissen Zeit ganz einfach ab.

Soziale Präsenz erhöhen

Aber wie kann die soziale Präsenz nun gefördert werden? Die Social Presence Theory und auch die Messung sozialer Präsenz ist hochkomplex und wurde seit ihrer Entstehung mehrfach erweitert und ergänzt. Wir versuchen trotz allem, einige wichtige Faktoren folgend einmal abzuleiten, ohne Anspruch auf Vollständigkeit:

- **Video einschalten:** Das gilt für Teilnehmende und Trainer:innen gleichermaßen. Je mehr wir von der Person sehen können, desto besser können wir kommunizieren und desto höher wird die soziale Präsenz.
- **Methoden:** Verwenden Sie Methoden, die die Interaktivität und die soziale Präsenz gleichermaßen steigern, wie z. B. Gruppenarbeiten.
- **Moderationstechniken:** Wie Sie als Trainer:in/ Veranstalter:in mit den Teilnehmenden kommunizieren, hat einen erheblichen Effekt auf die Stimmung im (Online-)Raum: Die Teilnehmenden sind gewissermaßen ein Spiegel. Ich sollte als Trainer:in/Veranstalter:in stets sehr wertschätzend mit ALLEN Beiträgen umgehen. Hier sollte nichts übersehen und alles mitmoderiert werden, z. B. auch alles, was im Chat geschieht.

- **Gruppengröße:** Je kleiner und je enger betreut die Gruppen sind, desto schneller und besser stellt sich eine soziale Präsenz ein.
- **Peer Groups:** Wenn die Teilnehmenden auch außerhalb (zwischen oder nach) der Veranstaltung Peer Groups bilden, hat das meist einen sehr guten Effekt auf die soziale Präsenz, und die Vermischung von Präsenz- und Online-Teilnehmenden hebt alle auf ein gleiches Level.
- **Die 3 Gs und der Proximity Bias:** Diese Faktoren werden im kommenden Abschnitt und in Kapitel 2.1 noch genauer erläutert und spielen ebenso eine wichtige Rolle bei der Steigerung der sozialen Präsenz.

Proximity Bias

Der zuletzt genannte Punkt führt uns direkt zum nächsten wichtigen Stichpunkt: dem Proximity Bias. Der Proximity Bias beschreibt ein psychologisches Phänomen, dem wir alle ausgeliefert sind – ob wir nun wollen oder nicht. Es ist der Effekt der räumlichen Nähe. Dieser besagt, dass wir Menschen in unserer Nähe, die wir öfter sehen, mit denen wir mehr erleben und sprechen, lieber mögen. Bezogen auf das hybride Arbeitsmodell, in dem der Proximity Bias immer mehr Aufmerksamkeit erhält, bedeutet das, dass Kolleg:innen die räumlich anwesend sind, häufig als bessere Arbeitskräfte wahrgenommen werden, obwohl deren Arbeitsleistung unabhängig von der Örtlichkeit des Arbeitsplatzes bewertet werden muss. Diese (unbewusste) Voreingenommenheit kann im Berufskontext dazu führen, dass vor Ort anwesende Arbeitskräfte bessere Aufstiegschancen erhalten, in interessantere Projekte eingebunden werden oder mehr Wertschätzung durch Vorgesetzte erfahren.

Negative Folgen

Übertragen auf hybride Trainings oder Veranstaltungen bedeutet das Folgendes: Online-Teilnehmende werden meist als weniger wichtig oder weniger „gut" angesehen und erhalten somit weniger Aufmerksamkeit, Einbezug oder Zuspruch. Das bedeutet im Umkehrschluss aber ebenso, dass die Online-Teilnehmenden eine geringere soziale Präsenz verspüren und sich ggf. noch weiter zurückziehen. Dementsprechend befinden wir uns in einer Art Abwärtsspirale.

Innere Reflexion

Es ist deshalb sehr wichtig, sich dieses psychologischen Effektes bewusst zu sein und ganz gezielt gegenzusteuern. Die eigene und innere Reflexion ist dabei der Schlüssel:

- Welche Gedanken und Gefühle habe ich gegenüber anderen Teilnehmenden?
- Sind diese Gedanken und Gefühle gerechtfertigt oder spricht hier gerade der Proximity Bias aus mir?
- Habe ich alle Teilnehmenden gleichermaßen einbezogen und berücksichtigt?

Ein weiterer Ansatz kann der Einbezug bzw. die Sensibilisierung der Teilnehmenden sein. Dies ist besonders dann sinnvoll, wenn wir uns in einem längerfristigen Setting befinden. Wenn die Teilnehmenden über den Proximity Bias

Bescheid wissen, kann das ein guter Grundstein für ein erfolgreiches hybrides Training sein.

Neben dem Cognitive Load, der sozialen Präsenz und dem Proximity Bias gibt es noch weitere Herausforderungen, die wir als Veranstalter:in und Trainer:in hybrider Formate im Hinterkopf behalten sollten.

Technik – Technik – Technik

Natürlich stehen wir als Trainer:in/Veranstalter:in vor einigen Herausforderungen in Bezug auf die Technik. Hier gibt es je nach Setting, Veranstaltungsort und Teilnehmenden unterschiedliche Herausforderungen zu meistern, wie z. B. die Einrichtung und Bereitstellung des VC (Virtual Classroom/virtueller Schulungsraum) oder auch die Ton- und Videotechnik vor Ort. Die Technik beschäftigt die Teilnehmenden (meist vor allem die Online-Teilnehmenden) natürlich ebenso und eine nicht funktionierende Technik führt schnell zu Frustration.

Mindset

Auch das Mindset – auf beiden Seiten – ist eine Herausforderung. Häufige Vorurteile der Teilnehmenden sind:

• „Hybride Veranstaltungen sind chaotisch."
• „Ich will lieber vor Ort sein, online bekommt man doch sowieso nichts mit."
• „Super, bei der Online-Teilnahme kann ich perfekt nebenher arbeiten und die Veranstaltung trotzdem ganz mitbekommen."
• ...

Aber auch Trainer:innen haben häufig Vorurteile oder Bedenken, ein hybrides Format umzusetzen, hier steht meist die Angst des Misserfolges im Zentrum. Um ein erfolgreiches hybrides Format umzusetzen, ist insbesondere ein positives und bestenfalls vorurteilsfreies Mindset wichtig.

Skillset

Insbesondere die Veranstalter:innen sollten einen gewissen Kenntnisstand zur Didaktik hybrider Formate vorweisen und wissen, welche Faktoren beachtet werden sollten. In diesem Buch geben wir Ihnen einige dieser wichtigen Faktoren an die Hand und so können Sie Ihr Skillset schon einmal auf einen guten Wissensstand heben. Zum Skillset gehört unter anderem die Technikbedienkompetenz und eine hybride Moderations- sowie Methodenkompetenz.

Toolset

Ihr Toolset liefert Ihnen alles, was man zur Durchführung eines hybriden Formates braucht. Beispielsweise die Kamera- und Tontechnik oder der Zugang zum virtuellen Klassenraum. Dazu finden Sie einige wichtige Hinweise in Kapitel 3.

Didaktische Gestaltung

Nicht zuletzt ist die didaktische Gestaltung hybrider Formate eine große Herausforderung und einer der wichtigsten Faktoren für eine erfolgreiche Durchführung. Solange die didaktische Planung nicht ausgereift, ineinandergreifend, strukturiert aufgebaut und inhaltlich sinnvoll gegliedert ist, macht die beste technische und reibungslose Umsetzung die fehlende didaktische Gestaltung nicht wett. Wichtig hierbei ist, dass die didaktische Gestaltung hybrider Formate nochmals anders aufgebaut ist als bei Präsenz- oder Online-Formaten. Diesen Planungsgrundsätzen wollen wir im kommenden Kapitel auf den Grund gehen.

Es ist sehr sinnvoll, sich ein paar theoretische Grundlagen und Herausforderungen vor Augen zu führen, um weitere Implikationen für die didaktische Planung hybrider Settings abzuleiten. Die Cognitive Load Theory, die Social Presence Theory und der Proximity Bias sollten in Ihren Überlegungen eine wichtige Rolle einnehmen.

1.3 Wichtige Planungsgrundsätze

Nun haben wir uns einige wichtige Herausforderungen hybrider Veranstaltungen oder Trainings genauer angeschaut und den theoretischen Hintergrund hierzu dargelegt. Diese Betrachtungen sind wichtige Grundsteine, um die essenziellen Planungsgrundsätze abzuleiten, die für erfolgreiche hybride Formate wichtig sind.

Didaktische Planung: Berliner Modell
Es gibt eine Vielzahl an didaktischen Modellen, anhand derer man didaktische Entscheidungen treffen kann. Wir ziehen für den Kontext der hybriden Trainings nun das Berliner Modell nach Heimann (1962) heran (siehe hierzu

auch Bett, 2019). Wir werden dieses im Groben betrachten, um im Anschluss Schlussfolgerungen für hybride Formate zu formulieren.

Das Berliner Modell zeigt einfach und schnell auf, welche didaktischen Entscheidungsaspekte bei der Lehre beachtet werden sollten. Jeder didaktische Planungsprozess wird dabei von diesen Faktoren beeinflusst:

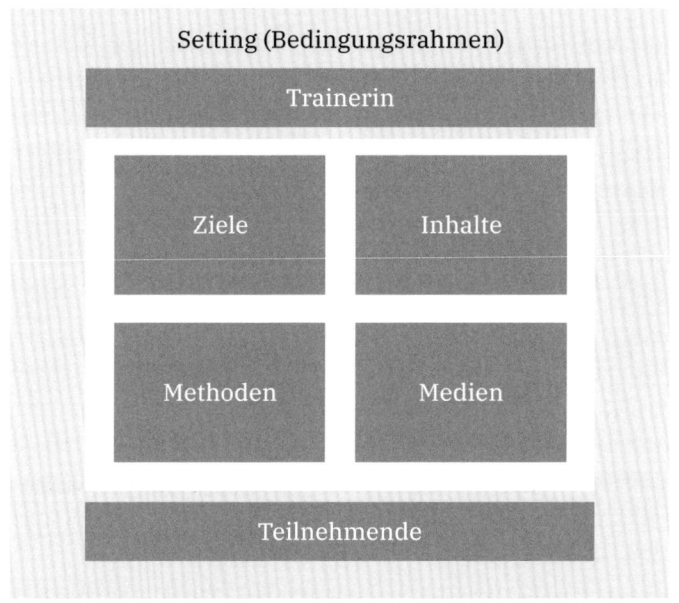

Abb. 2: Berliner Modell nach Paul Heimann (1962), leicht angepasst dargestellt

Zunächst gilt es, Entscheidungen zu den vier Hauptfeldern zu treffen, die alle voneinander abhängig sind.

Ziele

Es sollten Lern-, aber auch Lehrziele formuliert werden, beispielsweise anhand der Lernziel-Taxonomie nach Bloom in sechs Stufen (Wissen/Kenntnisse → Verstehen → Anwendung → Analyse → Synthese → Evaluation/Bewertung). Diese Ziele dienen als Grundlage, um daraus Inhalte und Methoden abzuleiten.

Inhalte

Die Inhalte sind das Kernstück eines jeden didaktischen Planungsprozesses. Denn diese sollten natürlich am Ende der Veranstaltung gut vermittelt beim Lernenden angekommen sein und bestenfalls ins Langzeitgedächtnis aufgenommen werden, um einen Mehrwert für den Lernenden in der Arbeitspraxis zu generieren. Die Auswahl der Inhalte ist dabei an die Lern-/Lehrziele gekoppelt und nicht immer unbedingt einfach. Hier können beispielsweise Techniken der didaktischen Reduktion (komplexe Inhalte werden auf wichtige, gut verständliche Kernpunkte reduziert) eingesetzt werden, um eine didaktisch sinnvolle Auswahl zu ermöglichen und einen roten Faden beizubehalten.

Methoden

Abwechslungsreiche und spannende Methoden sind essenziell für jeden didaktischen Planungsprozess. Zielgruppengerechte und funktionale Methoden fördern die Lernmotivation und die Integration des Gelernten in das Langzeitgedächtnis und in die Praxis ungemein und sind deshalb aus keinem didaktischen Planungsprozess auszuschließen. Methoden gibt es viele und nicht zuletzt ist Ihre Kreativität hier gefragt. Im 3. Kapitel dieses Buches finden Sie einige Methoden für hybride Formate, an denen Sie sich orientieren können. Wichtig ist dabei jedoch auch, in welchem Kontext die Methode angewandt wird – nicht jede Methode passt zu jeder Zielgruppe, zu jeder Gruppengröße, zu jedem/jeder Trainer:in, zu jedem Veranstaltungsformat oder Inhalt. Hier ist es letztendlich auch sinnvoll, ab und zu dem alten Prinzip von Try and Error zu folgen und eigene Erfahrungen zu sammeln.

Medien

Als Medien werden die Mittel bezeichnet, die ich brauche, um meine Ziele, Inhalte und Methoden umzusetzen und zu erreichen. Dabei stellt sich natürlich zum einen die Frage: Passen meine Medien zu den Voraussetzungen der Teilnehmenden, den Inhalten, Methoden und Zielen? Zum anderen sollte reflektiert werden, welche Medien überhaupt zur Auswahl stehen oder ob ich meine Planung entsprechend anpassen muss.

Trainer:in/Teilnehmende

Die vier Entscheidungsfelder werden natürlich auch von dem/der Trainierenden sowie den Teilnehmenden beeinflusst. Als Trainer:in besitze ich gewisse Kompetenzen, Fähigkeiten und Kenntnisse, die ich zum Vorteil der vier Entscheidungsfelder einsetzen kann, um zum bestmöglichen Ergebnis zu gelangen. Vielleicht gibt es aber auch gewisse Wissens- oder Kompetenzlücken, die vorab geschlossen werden sollten, um alle vier Entscheidungsfelder gut abdecken zu können.

Die Teilnehmenden, also Ihre Zielgruppe, sind ein ebenso wichtiger Faktor bei der Planung Ihres didaktischen Formats. Zielgruppenspezifische Inhalte, Medien, Methoden und Ziele sind elementar. Nur so kann ich die Zielgruppe abholen und liefern, was sie braucht. Dabei sollten Sie sich beispielsweise folgende Fragen vorab beantworten (lassen):

- Was macht die Zielgruppe aus?
- Welches Vorwissen besteht?
- Wie heterogen/homogen ist die Zielgruppe?
- Wie ist die Zusammensetzung hinsichtlich des Alters, des Bildungsstandes, des Geschlechts usw.?
- Welche Interessen liegen vor?
- Wie ist die Motivation/Aufnahmebereitschaft?

Setting

Nicht zuletzt für unseren hybriden Hintergrund ist das Setting ganz zentral. Hierbei wird die Einbettung unseres Vorhabens in einen mehr oder weniger stark vorgegebenen Rahmen sichtbar. Ganz allgemein wird im Berliner Modell von Raum, Ort, Zeit usw. gesprochen, im Hinblick auf hybride Settings sollte aber noch die Trennung in Online, Präsenz und Hybrid vorgenommen werden.

Das Berliner Modell x Hybrid

Wenn wir uns nun ganz bewusst auf hybride Veranstaltungsformate fokussieren, können wir natürlich auch das Berliner Modell als Grundlage verwenden. Wichtig ist dabei aber, den Fokus zu schärfen und sich zu fragen: Was ist eventuell anders im Vergleich zur herkömmlichen Planung?

Hierzu haben wir Autorinnen uns Gedanken gemacht und das Berliner Modell neu strukturiert, um die Veränderungen im hybriden Kontext klarer darzustellen.

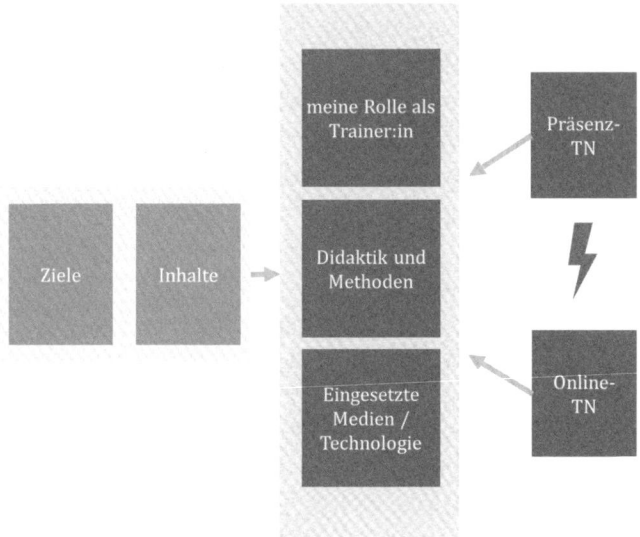

Abb. 3: Hybrides Modell (in Anlehnung an das Berliner Modell nach Paul Heimann, 1962), eigene Darstellung

Ziele und Inhalte
Die Ziel- und Inhaltsbetrachtung sowie die Zielplanung bleiben weitestgehend unberührt im didaktischen Planungsprozess hybrider Trainings oder Veranstaltungen. Natürlich können und sollten auch wenn nötig entsprechende Anpassungen vorgenommen werden, jedoch ist im Regelfall keine spezifische Änderung nötig. Deshalb sind die beiden Punk-

te hier ausgegraut in der Abbildung dargestellt. Wichtig zu erwähnen ist hierbei jedoch, dass Ziele und Inhalte natürlich nach wie vor eine zentrale Rolle im didaktischen Planungsprozess einnehmen – jedoch vor dem Hintergrund hybrider Formate nicht anders behandelt werden müssen.

Meine Rolle als Trainer:in

Eine Erweiterung hingegen erfährt Ihre Rolle als Trainer:in. Das Aufgabenfeld vergrößert sich sehr stark, da Sie nun nicht mehr nur in Ihrer didaktischen, inhaltlichen und methodischen Kompetenz gefragt sind, sondern auch die vier Rollen der E-Moderation (weiterführende Erläuterungen hierzu finden Sie in den Publikationen von Dr. Katja Bett zum Thema „Das 4-Rollen-Modell der E-Moderation", siehe auch Abb. 12, S. 78) ausfüllen sollten. Diese vielen Rollen in Einklang zu bringen, ist sicherlich nicht einfach. Es lohnt sich deshalb, für den Anfang ggf. ein bis zwei Personen mit ins Boot zu holen, die ein paar der Rollen übernehmen und den/die Trainer:in entlasten. Häufig wird hierbei eine Co-Moderation eingesetzt, welche z. B. die organisatorisch-administrative Rolle innehat und nebenher auch die Technik im Blick behält. So kann der ECL des/der Trainierenden reduziert werden und die Veranstaltung bleibt qualitativ hochwertig. Sobald sich der/die Trainer:in sicher fühlt, kann diese Unterstützung auch wieder geringer werden oder es werden gar alle Rollen in einer Person vereint. Letztendlich werden einige Prozesse, ähnlich wie beim Autofahren, langsam verinnerlicht, geschehen zunehmend unbewusst und benötigen dann auch immer weniger ECL-Kapazität.

Die folgende Metapher kann Ihnen Mut machen: Sie erinnern sich vielleicht an die erste Autofahrstunde. Da war man schnell mit dem Lenken, Bremsen, Alles-im-Blick-Behalten, Blinken, Schalten usw. überfordert. Mittlerweile ist das alles ein Teil Ihres Autopiloten und Sie können sich neben dem Autofahren problemlos unterhalten oder auf das Radio lauschen.

Zunächst sind Sie vielleicht überfordert mit all den (neuen) Aufgaben – virtuell Teilnehmende im Blick behalten, alle miteinbeziehen, Inhalte vermitteln, Chat im Blick behalten, Methoden einsetzen, Technik beherrschen usw. Je häufiger Sie sich jedoch in solch hybriden Szenarien befinden, desto einfacher wird es für Sie werden, Sie können immer mehr entspannen und die anstehenden Aufgaben jonglieren, ohne dabei überfordert zu sein.

Didaktik und Methoden
Die Didaktik und Methoden ändern sich natürlich entsprechend – hier ist es wichtig, die in diesem Kapitel beschriebenen Herausforderungen und Planungsgrundsätze zu verinnerlichen. Jedoch sind auch angepasste Methoden sicherlich sinnvoll, um kreativ und spannend Inhalte vermitteln zu können. Im folgenden Kapitel haben wir Ihnen ein paar Beispiele aufgezeigt, die Sie je nach Bedarf anpassen und erweitern können.

Eingesetzte Medien/Technologie
Welche Medien und Technologie kann ich einsetzen bzw. welche Rahmenbedingungen gibt mir der Kunde vor? Diese Frage sollten Sie vorab unbedingt klären, denn dies ist sehr

wichtig für Ihre Planung. Erst sobald Sie wissen, was Sie erwartet oder was Sie technisch im Hinterkopf behalten müssen, können Sie sich um die Auswahl der eingesetzten Medien, Inhalte und Methoden Gedanken machen. Denn letztendlich hilft es nichts, eine hochinteressante Virtual-Reality-Anwendung vorzusehen, die beim Kunden aber aufgrund fehlender Technik gar nicht eingesetzt werden kann.

Auch hier gibt es im folgenden Kapitel ein paar wichtige Hinweise für Sie, wie beispielsweise: Welche externen Tools (z. B. Whiteboards oder Umfragetools) können Sie gut einsetzen? Was ist bei der Technik zu beachten?

Präsenz- und Online-Teilnehmende

Die Teilnehmenden Ihrer Veranstaltung lassen sich, ob Sie nun wollen oder nicht, zunächst nur in zwei Gruppen einteilen. Wichtig dabei ist, die Bedürfnisse dieser beiden Gruppen nicht außer Acht zu lassen. Wir haben im Vorfeld bereits viel über die Bedürfnisse und Herausforderungen der Online-Teilnehmenden berichtet, aber natürlich sind die Präsenzteilnehmenden ebenso wichtig. Die Balance zwischen beiden zu finden, ist vermutlich eine der größten Herausforderungen für Sie als Trainer:in/Veranstalter:in hybrider Formate. Hier ist Fingerspitzengefühl gefragt – machen Sie vorab eine Zielgruppenanalyse und holen Sie sich wichtige Informationen ein, um die Bedürfnisse aller zu verstehen, und versuchen Sie, diese durch die entsprechende Inhalts- und Methodenauswahl zum Ausdruck zu bringen.

Allen gerecht werden

Es ist durchaus wünschenswert, die Teilnehmenden auch einmal durchzumischen und hybride Gruppenarbeiten durchzuführen oder andere Arten der Zusammenarbeit zu forcieren. Dazu hat sich auch eine Sensibilisierung des hybriden Lernvorgangs bei den Teilnehmenden bewährt: Wenn sich dadurch die Präsenzteilnehmenden bewusst sind, dass die Online-Teilnehmenden schnell einmal vergessen werden oder gar als weniger kompetent wahrgenommen werden (Proximity Bias), dann wird automatisch gegengesteuert. Auf der anderen Seite kann den Online-Teilnehmenden auch die Verantwortung zum eigenen Lernprozess noch einmal klarer gemacht werden, z. B.: „Ich muss mich einbringen, Fragen stellen oder anmerken, wenn ich mit etwas unzufrieden bin oder mich ausgegrenzt fühle" (vgl. Bett, 2011).

Hybride Veranstaltungen sind herausfordernd und es bedarf einer gewissen Vorarbeit und vor allem einer exakten Kenntnis über die verschiedenen theoretischen und praktischen Aspekte, um eine erfolgreiche Umsetzung zu garantieren:

- Die Überlastung des Arbeitsgehirns (Cognitive Load Theory) ist außerdem eine Herausforderung für beide: (Online-)Teilnehmende und Trainer:in/Veranstalter:in. Hier gilt es, die externen Belastungen zu reduzieren, um sich aufs Wesentliche konzentrieren zu können.

- Besondere Herausforderungen stellen die Online-Teilnehmenden an die Veranstaltung: Beispielsweise fühlen sich diese durch den Online-Kontext unter Umständen nicht als Teil der Gruppe. Die soziale Präsenz (Social Presence Theory) ist verringert und darunter kann auch die Motivation leiden. Dem sollte durch entsprechende Maßnahmen entgegengewirkt werden.
- Auch der Proximity Bias ist wichtig: Online-Teilnehmende werden aufgrund eines kognitiven Effektes häufig falsch/schlechter eingeschätzt, was wiederum erneut zur Reduktion der sozialen Präsenz führt und daher unbedingt verhindert werden sollte.
- Es sollten deshalb wichtige Planungsgrundsätze der Didaktik auch für hybride Veranstaltungen im Hinterkopf behalten und zusätzlich leicht erweitert werden, um dem komplexen hybriden Veranstaltungskonzept gerecht zu werden.

Was bedeuten die 3 Gs in Bezug auf hybride Veranstaltungen?

Seite 35

Auf welche Art und Weise können Sie hybride Trainings umsetzen?

Seite 39

Wie können Sie Netzwerken in hybriden Formaten ermöglichen?

Seite 42

2. Hybride Formen

Nachdem wir uns nun ausführlich mit der Theorie beschäftigt haben, machen wir nun einen ersten Schritt in die Praxis – denn diese ist je nach Veranstaltungsform und Zielsetzung sehr unterschiedlich. In einigen Formaten wird beispielsweise der Fokus sehr stark auf Interaktion und Aktivität aller Teilnehmenden gelegt, die dann wiederum eine bestimmte Rolle einnehmen. In anderen Veranstaltungsformen liegt der Schwerpunkt auf dem zu vermittelnden Inhalt und die Teilnehmenden befinden sich eher in einer Zuhörerrolle, wodurch das Setting wieder ganz anders aufgebaut werden kann. Die verschiedenen Formen und Partizipationsmöglichkeiten werden im Folgenden näher beleuchtet.

2.1 Die 3 Gs

Die 3 Gs stehen für die jeweilige Form der Partizipation der Online-Teilnehmenden und nehmen somit Einfluss auf die Entscheidung, welche Rahmenbedingungen bei der Planung der hybriden Veranstaltung geschaffen werden sollten. Abbildung 4 zeigt zunächst allgemein, welche Partizipationsform am meisten Aufwand in der didaktischen Planung bedeutet und wie hoch der jeweilige Einbezug der Teilnehmenden ist.

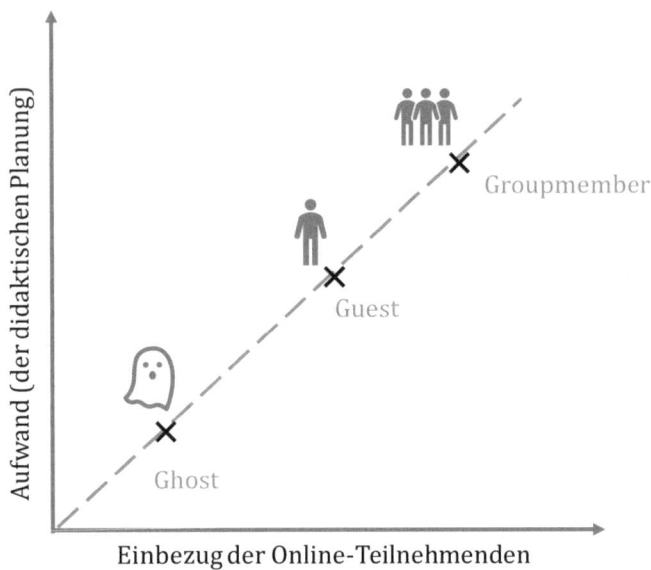

Abb. 4: Die 3 Gs (eigene Darstellung)

Ghost/Geist

Die erste Form der Teilnehmenden-Partizipation umschreibt der Begriff Geist. Wie sich direkt aus der Begrifflichkeit ableiten lässt, ist diese Art der Online-Teilnahme nämlich so gut wie nicht vorhanden. Wie ein Geist sind die Online-Teilnehmenden zwar anwesend und in der Lage, alles zu hören und zu sehen, können sich jedoch nicht einbringen oder mit den anderen Teilnehmenden bzw. den Trainer:innen/Veranstalter:innen kommunizieren. Dies ist die einfachste Form des (Nicht-)Einbezugs für Veranstaltende einer hybriden Veranstaltung, denn hierfür ist nahezu kein Aufwand nötig, lediglich die Bereitstellung der Technik. Die didaktische Planung wird völlig auf die Teilnehmenden vor Ort bezogen und hat so gut wie keine Berührungspunkte mit den Online-Teilnehmenden.

Jedoch hat jede Medaille auch ihre Kehrseite, denn hier liegt der Nachteil auf der Hand: Die Online-Teilnehmenden haben von solch einer Veranstaltung meist wenig. Die soziale Präsenz wird durch diese Form des (nicht vorhandenen) Einbezugs völlig negiert und entsprechend verhält sich meist die Motivation der Online-Teilnehmenden. Wenn man sich also für diese Art des Einbezugs entscheidet, sollte es dafür dringende Gründe geben, denn die Zufriedenheit aller Teilnehmenden ist hier meist nicht sichergestellt.

Guest/Gast

Eine weitere Form des Einbezugs der Teilnehmenden ist der Gast – diese Form wird häufig in hybriden Messen oder Vortragsformaten angewendet. Der Einbezug der Online-Teilnehmenden steigt hier im Vergleich zum Geist: Es gibt meist einen Chat, der für Fragen verwendet werden kann, oder die Online-Teilnehmenden werden ab und zu von den Moderator:innen direkt angesprochen. Der Einbezug aller Teilnehmenden wird jedoch nach wie vor nicht gleich gewichtet. Die Online-Teilnehmenden werden zwar besser eingebunden, es wird aber auch hier kaum soziale Präsenz hergestellt. Wer tatsächlich online anwesend ist – per Kamera zugeschaltet oder nicht –, das fällt in dieser Form des Teilnehmenden-Einbezugs nicht auf und ist für die Veranstaltung auch nicht relevant. Diese Form des Einbezuges der Teilnehmenden wird häufig in größeren hybriden Veranstaltungen wie Messen, Konferenzen oder Vorlesungen abgebildet. Diese Formate sind ohnehin kaum interaktiv, weshalb sie hier auch gut eingesetzt werden können. Wichtig dabei ist, zumindest auf den Chat zu achten, sodass die Online-Teilnehmenden Fragen stellen oder auch bei technischen Schwierigkeiten unterstützt werden können (Reduktion des ECL!). Häufig wird das Group-Level auch genutzt, um die Online-Teilnehmer (bzw. einen Teilnehmer) beispielsweise als Fachexperte für einen kurzen Input einzubinden, sodass die Diskussion vor Ort angereichert wird. So wird von Online-Seite her zumindest punktuell zur Veranstaltung beigetragen.

Groupmember/Gruppenmitglied

Die einzige Form, die alle Teilnehmenden gleich stark gewichtet, nennt sich Gruppenmitglied (Groupmember) und stellt den höchsten Anspruch an die didaktischen Fähigkeiten der Veranstalter:innen oder Trainer:innen. Sobald die Vorgabe erhoben wird, dass alle Teilnehmenden gleichermaßen interaktiv in die Veranstaltung einbezogen werden sollen, müssen einige Dinge beachtet werden. Neben der Didaktik und bestimmten Methoden spielen vor allem die eingesetzte Technologie und der Umgang mit dieser eine entscheidende Rolle, um dieses integrativste Level von hybriden Events umzusetzen. Denn wie wir aus unserem eigenen (Arbeits-)Alltag wissen: Wenn die Technik nicht läuft und wir dadurch an einem Termin oder einer Veranstaltung nicht teilnehmen können, dann fällt unsere Motivation rapide ab und das Frustlevel steigt. Die nächsten Kapitel (insbesondere Kapitel 3: Methoden und 10 Tipps) sollen hierzu tiefere Einblicke geben.

Die 3 Gs umfassen das Konzept Ghost, Guest und Group-member und unterscheiden sich im Wesentlichen hinsichtlich des Einbezugs der Online-Teilnehmenden. Je höher der Einbezug, desto komplexer wird die didaktische Planung.

2.2 Veranstaltungsformate

Der hybride Charakter hat nicht nur Auswirkungen auf die verschiedenen Partizipationsmöglichkeiten der Teilnehmenden. Es gibt auch diverse Veranstaltungsformen, die hybrid umgesetzt werden. Nicht nur große Kongresse und Konferenzen, bei denen eine enorme Anzahl an Teilnehmenden involviert ist, sondern auch ganz kleine und vertrauliche Events mit einer Handvoll Personen werden hybrid angeboten. Wichtig: Nicht jedes Format und jede Technologie passt gleichermaßen zu der jeweiligen Zielgruppe oder zu den verfolgten (Lern-)Zielen. Daher muss vorher klar sein, was erreicht werden soll und ob das mit dem ausgewählten Format auch erreicht werden kann. Die folgenden Veranstaltungsformate sind am häufigsten in der Praxis anzutreffen, weshalb wir diese für Sie ausgewählt haben. Wir verraten Ihnen einige erprobte Tipps und Tricks, wie Sie diese Formate zielgerichtet gestalten können.

Hybrides Meeting

Diese Veranstaltungsform findet seit Beginn der Pandemie immer häufiger in Unternehmen statt. Diese hybride Form ist zwar streng genommen kein Training, aber eine Art der Veranstaltung, die besonders häufig dieselben Herausforderungen wie alle hybriden Veranstaltungen mit sich bringt. Gerade wenn Teams bevorzugt hybrid arbeiten, ist die soziale Präsenz und der Proximity Bias (s. Kapitel 1) besonders wichtig. Deshalb empfiehlt sich für den Meetingcharakter, stets die höchste Form des Teilnehmer:inneneinbezugs auszuwählen – den Groupmember. Gerade bei der Entscheidungsfindung ist das besonders wichtig, denn hier spielen häufig auch die Körpersprache und die Mimik eine wichtige Rolle, die bei den Online-Teilnehmenden oft nicht so leicht erkennbar sind.

Meeting Owls

Systemisches Konsensieren in Verbindung mit einem virtuellen Whiteboard hat sich in der Praxis zur Entscheidungsfindung beispielsweise bewährt. Eine Technologie, die in hybriden Meetings als äußerst gut empfunden wurde, sind die sogenannten Meetings Owls (siehe auch Technik-Kapitel). Diese werden gerne eingesetzt, weil sie durch die integrierten Mikrofone, Lautsprecher und die 360°-Kamera eine Meeting-Atmosphäre entstehen lassen, die (besonders für die Online-Teilnehmenden) der Präsenzatmosphäre sehr nahekommt. Dadurch fühlen sich die Online-Teilnehmenden näher am Geschehen und mehr der Gruppe zugehörig.

Trainings- und Workshopcharakter

Diese Formate sind hybrid besonders anspruchsvoll. Hier sollten Sie in jedem Fall auch die Online-Teilnehmenden als Gruppenmitglied/Groupmember einbeziehen. Diese Formate leben besonders von der Interaktion und der Methodenvielfalt. Die Motivation und das Einbinden aller Teilnehmenden sind zentral, um zu gemeinsamen Ergebnissen zu gelangen und das Lernen bzw. den Transfer in die Praxis zu gewährleisten. Wenn Sie das erste Mal hybride Trainings/Workshops anbieten wollen, ist es sinnvoll, eine:n Co-Moderator:in miteinzubeziehen bzw. im Tandem zu trainieren, um beispielsweise die Technik und die Online-Teilnehmenden stets im Blick zu behalten. So wird Ihr Arbeitsgedächtnis nicht überlastet und Sie können sich auf den Inhalt und die wesentlichen Dinge konzentrieren. Es ist ebenfalls sinnvoll, die Teilnehmenden zwischendurch einmal zu mischen und Gruppen zu bilden, die sowohl aus Präsenz- als auch aus Online-Teilnehmenden bestehen. So erzielt man neben dem „sozialen Kitt" zwischen diesen beiden Welten auch eine größere Bereitschaft bzw. Zustimmung für gemeinsam erarbeitete Ziele/Visionen, die zum Beispiel aus einem Workshop hervorgehen.

Open-Space-Charakter

Die Open-Space-Methode findet sich immer häufiger auch im hybriden Umfeld. Sie ist eine Konferenzform, die, wie der Name schon sagt, sehr offen mit der Tagesordnung umgeht, die von den Teilnehmenden selbst gestaltet wird. In verschiedenen Phasen können sich Teilnehmende einbringen. Hier ist, anders als in klassischen Konferenzen, jede:r einzelne Teilnehmer:in gefragt – und dieser Charakter sollte natürlich auch im hybriden Open-Space-Format erhalten bleiben. Da hier meist sehr viele Teilnehmer:innen an der Veranstaltung mitwirken, ist der Einbezug der Online-Teilnehmenden als Groupmember nicht vollumfänglich umsetzbar. Es sollte jedoch auch hier so gut wie möglich versucht werden, diesen Ansatz zu verfolgen.

Netzwerken ermöglichen

Um eine Gleichgewichtung der Teilnehmenden zu forcieren, ist es häufig sinnvoll, gerade in den von den Teilnehmenden angebotenen Mini-Workshops sowohl reine Online-Formate anzubieten als auch hybride Formate, zu denen die Online-Teilnehmenden sich jederzeit zuschalten können. So haben alle Teilnehmenden dieselbe Möglichkeit, an den angebotenen Sessions teilzunehmen. Auch Möglichkeiten zum Netzwerken sollten für Online-Teilnehmende mitgedacht werden – denn gerade die Abendveranstaltungen solcher Konferenzen sind häufig ein wichtiger Faktor, um Businesspartner kennenzulernen oder das eigene Netzwerk zu erweitern. Hier können beispielsweise virtuelle Abendveranstaltungen oder Kaffeepausen eingeplant werden, um das Netzwerken auch für Online-Teilnehmende zu ermöglichen.

Vortrags-/Konferenzcharakter

Bei klassischen Vorträgen oder Konferenzen kann auch das Prinzip des Gastes gelten, denn hier wird das Format meist ohnehin von den Vortragenden dominiert. Da mit den Teilnehmenden kaum interagiert wird, ist es an der Stelle in Ordnung, wenn die Online-Teilnehmenden „nur" zugeschaltet sind – wichtig ist jedoch, dass Fragen zumindest im Chat gestellt werden können und die Online-Teilnehmenden sowohl von den Moderator:innen als auch von den Vortragenden im Hinterkopf behalten und immer mal wieder auch direkt angesprochen werden. Eine Catchbox (siehe Technik-Kapitel) kann helfen, die Interaktion in diesem Format noch ein wenig anzukurbeln.

Der Einbezug der Online-Teilnehmenden in hybriden Veranstaltungen kann durch die 3Gs – Ghost/Geist, Guest/Gast und Groupmember/Gruppenmitglied – unterschiedlich stark gewichtet werden. Je höher der Einbezug, desto höher der didaktische Planungsaufwand.

- Ghost: Hier werden die Online-Teilnehmenden nicht einbezogen, können aber sehen/hören, was passiert.
- Guest: Hier werden die Online-Teilnehmenden über den Chat einbezogen und können z. B. Fragen stellen oder Einwände anbringen.
- Groupmember: Hier sollen die Online- und Präsenzteilnehmenden gleichberechtigt einbezogen werden.
- Es gibt verschiedene hybride Veranstaltungsformate, in denen der Einbezug der Online-Teilnehmenden unterschiedlich empfohlen werden kann: In Meetings, Workshops und Trainings sollte der Online-Teilnehmende unbedingt Groupmember sein, beim Open-Space-Format bestenfalls Groupmember, wenn auch etwas weniger einbezogen (je nach Teilnehmendenanzahl). In klassischen Konferenzen und Vorträgen, in denen ohnehin weniger Einbezug der Teilnehmenden stattfindet und der Fokus mehr auf dem bloßen Inhalt liegt, kann der Guest-Einbezug gewählt werden.
- Wichtig ist bei allen Formaten, die passende Technik auszuwählen, um das Bestmögliche aus dem Format zu holen.

Wie stellen Sie sozialen Kitt zwischen den Teilnehmenden her?

Seite 46

Welche Methoden können Sie einsetzen, die aktivieren und nachhaltig sind?

Seite 58

Welche technischen Voraussetzungen erfordert ein hybrides Setting?

Seite 64

3. Methoden, Tools und Technik

Wie können Sie einen sozialen Kitt unter den Online-Teilnehmenden und denjenigen vor Ort schaffen? Wie kommen Sie in einen guten Austausch, ohne eine Gruppe zu bevorzugen? Welche Methoden können Sie nutzen, um die hybride Veranstaltung nicht nur interaktiv und aktivierend zu gestalten, sondern auch einen nachhaltigen Wissensaufbau zu gewährleisten?

In diesem Kapitel erfahren Sie, welche Methoden und Tricks Sie anwenden können, um die beiden Welten „Präsenz" und „Digital" in Ihrer Veranstaltung optimal zu verbinden. Hierfür braucht es nicht immer die neueste und teuerste Technik. Auch mit ein paar methodisch-didaktisch sinnvollen Handgriffen können Sie schon viel erreichen und das hybride Lernen und Arbeiten zu einem echten Erlebnis werden lassen.

3.1 Methodenfeuerwerk für hybride Veranstaltungen

Ein sorgfältig überlegter, geplanter Rahmen und geeignete Methoden können erheblich zur Effizienz einer hybriden Veranstaltung beitragen. Das gilt sowohl für das Ghost- wie auch für das Guest- und das Groupmember-Format.

Herausforderungen und Chancen

In hybriden Trainings oder Veranstaltungen bewegen sich Trainer:innen auf einer anderen Bühne als im rein digitalen oder reinen Präsenzraum. Sie müssen sozusagen zwei Bühnen auf einmal bedienen, dabei mehrere Rollen gleichzeitig einnehmen und sich schließlich auf die Besonderheiten im virtuellen Raum wie auch im Präsenzraum einstellen. Auch in Bezug auf die Methodik stehen Trainer:innen vor ganz besonderen Herausforderungen, die nicht zu unterschätzen sind. Viele Methoden, die für Präsenz-Trainings bestens geeignet sind, funktionieren im virtuellen Raum nur sehr eingeschränkt und müssen stark angepasst werden. Bei virtuellen Trainings ist bekannt, dass es darauf ankommt, alle fünf bis sieben Minuten eine Interaktion einzusetzen, um die Motivation und Aufmerksamkeit der Teilnehmenden hochzuhalten.

Dies ist in Präsenztrainings nicht nötig und oft auch nicht möglich. Schon hier ist zu erkennen, dass es deutlich einfacher ist, rein virtuelle Events oder reine Präsenzveranstaltungen zu planen und für jedes Format die passenden Methoden einzusetzen. Die Konzeption und die Vorbereitung von hybriden Events sind daher besonders anspruchsvoll und manchmal auch herausfordernd.

Technologie + Didaktik

Wir von der CLC GmbH haben uns genau mit dieser Herausforderung beschäftigt und Methoden entwickelt, die beide Gruppen gleichermaßen aktivieren und zusätzlich den so wichtigen sozialen Kitt in der Lerngruppe herstellen. Unser Rezept: immer eine gekonnte und sinnvolle Verbindung zwischen Technologie und Didaktik herstellen! Nur so sind hybride Veranstaltungen wirklich nachhaltig und Erfolg versprechend.

Nachfolgend werden wir Ihnen eine Auswahl an verschiedenen Methoden vorstellen, die sich schon in vielen hybriden Veranstaltungen bewährt haben.

Technische Ausstattung

An dieser Stelle sei darauf hingewiesen, dass die technische Komponente in hybriden Settings mit einen der wichtigsten Aspekte darstellt. Ohne Raummikrofone, Raumkameras oder entsprechende Endgeräte bei den Teilnehmenden kann eine hybride Veranstaltung schnell zu einem Flop werden. Für uns als Trainierende ist es außerdem sehr wichtig, dass nicht nur die virtuell zugeschalteten Teilnehmenden einen Laptop vor sich haben, sondern auch die Präsenzteilnehmenden. So kann deutlich einfacher und intensiver das kollaborative Arbeiten und Lernen unterstützt und intensiviert werden. Voraussetzung (zumindest für die Online-Teilnehmenden): Kamera an! Außerdem ist es dringend notwendig, einen Voice Chat für die Veranstaltung zu nutzen, welcher verschiedene Kollaborationsmöglichkeiten beinhaltet (Handheben, Daumen hoch, Breakout-Rooms). Dies erleichtert die hybride Zusammenarbeit immens.

Hybride Kennenlernrunden

Die große Herausforderung bei hybriden Veranstaltungen ist es, virtuell zugeschaltete Teilnehmende gleichermaßen in das Geschehen einzubinden und ähnlich bzw. gleichwertig zu aktivieren wie Präsenzteilnehmende. Mit einer hybriden Kennenlernrunde kann dieser Herausforderung und auch dem bereits genannten Proximity Bias von Anfang an entgegengewirkt und direkt eine Verbindung zwischen beiden Welten hergestellt werden.

Eine Möglichkeit für eine hybride Kennenlernrunde ist der „Blick aus dem Fenster". Dafür teilen sich die Teilnehmenden gegenseitig mit, was sie sehen, wenn sie aus dem Fenster schauen. Solch eine Runde dient nicht nur der Auflockerung zu Beginn einer Veranstaltung bzw. eines Trainings. Sie stärkt vor allem die soziale Präsenz des Einzelnen und fördert die Gruppenatmosphäre. Die Methode hilft den Teilnehmenden zu verstehen, wie und warum konzentriert oder nicht konzentriert gearbeitet werden kann und welchen Einfluss die Umgebung auf das Lernen hat. Außerdem werden mit dieser Methode schon direkt zu Beginn die beiden Welten *Präsenz* und *Virtualität* thematisiert und es kann proaktiv auf etwaige Befindlichkeiten oder Rückfragen eingegangen werden. Wichtig ist hier, dass die Teilnehmenden immer abwechselnd miteinbezogen werden. Ein virtueller

Teilnehmer beginnt, anschließend folgt ein Präsenzteilnehmer, dann wieder eine Person aus dem virtuellen Raum usw.

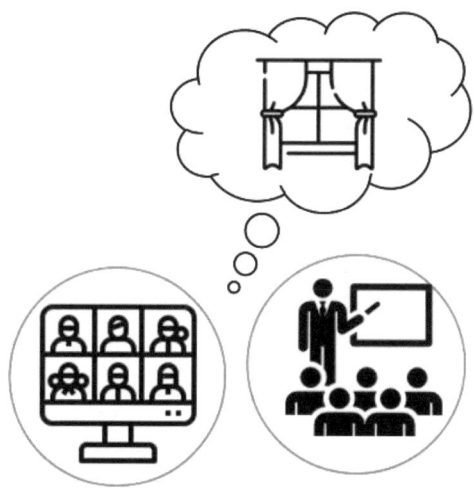

Abb. 5: Kennenlernrunde „Blick aus dem Fenster"

Patenschaften/Buddys

Wer schon einmal als Trainer:in eine hybride Veranstaltung durchgeführt hat, weiß, dass dies nicht gerade ein gemütlicher Spaziergang ist: Neben dem Inhalt, den man vermitteln möchte, muss man auf zwei verschiedene Gruppen achten und gleichzeitig die Technik managen und unter Kontrolle behalten. Die vier Rollen der E-Moderation (vgl. Bell, 2005) werden in hybriden Settings noch durch die Rollen eines Präsenz-Trainers (v. a. Methodenrolle) erweitert und kombiniert. Dies kann so manchen versierten Trainer aus der Ruhe bringen – vor allem wenn dieser die Veranstaltung alleine durchführt. Um auf der einen Seite Entlastung für Trainierende zu schaffen und gleichzeitig den so wichtigen sozialen Kitt innerhalb der Lerngruppe zu schaffen, haben wir eine simple und doch sehr wirkungsvolle Methode eingeführt: Frei nach dem Motto „Zusammen ist man weniger allein" setzen wir auf hybride Partnerschaften (wir sagen auch „hybride Buddys").

Patenschaft übernehmen

Und so funktioniert's: Jeder der Teilnehmenden aus dem Präsenzraum sucht sich einen Online-Teilnehmenden als Paten heraus. Diesen behält er während der Veranstaltung im Auge (zum Beispiel, wenn Handzeichen oder Fragen im Chat auftreten). Bemerkt der oder die Trainer:in dies nicht im ersten Moment, kann der Pate unterstützen und den/die Trainer:in darauf aufmerksam machen. Besonders bei Veranstaltungen, in denen kollaboratives Lernen und Interagieren im Vordergrund stehen, ist dies eine sehr wirksame Methode. Die Präsenzteilnehmenden begreifen ihre virtuellen Teammitglieder noch stärker als Teil der Gruppe und anfängliche Grenzen zwischen „die da" und „wir" weichen sich auf. Die Buddy-Partnerschaften können später auch für Tandem-Aufgaben oder Gruppenarbeiten verwendet werden.

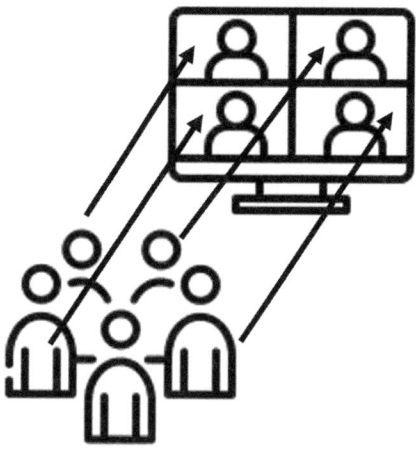

Abb. 6: Hybride Partnerschaften

Hybrider Smalltalk

Aus der Präsenz kennt man, dass sich Pausen wunderbar
eignen, um sozialen Kitt innerhalb der Lerngruppe zu stärken. Vor Ort ist dies einfach: Teilnehmende gehen gemeinsam zum Mittagessen oder stehen an der Kaffeemaschine
zusammen und führen hier informelle Gespräche. Der
Smalltalk findet ganz selbstverständlich und automatisch
statt, ohne dass dieser angeleitet werden muss. Kommen
nun aber virtuelle Teilnehmende hinzu, werden solche „in-
formellen Pausengespräche" oder „Tür- und Angel-Gesprä-
che" deutlich schwerer in der Umsetzung. Diese sind aber
bei kollaborativen Arbeiten und besonders bei Workshops,
an denen man gemeinsam an Projekten arbeitet, extrem

wichtig. Unserer Erfahrung nach eignen sich hybride Smalltalks, um diese Pausengespräche zu simulieren.

Was braucht es dafür?

Die Voraussetzung dafür ist ein guter (technischer) Rahmen, in dem sich jeder bewegen kann. Bei technischen Hürden oder Schwierigkeiten verliert man sonst sehr schnell Teilnehmer:innen. Eine frei zugängliche, unkomplizierte und leicht zu bedienende Plattform bietet zum Beispiel *Wonder.me*. Sie stellt reale Kommunikationssituationen nach und ermöglicht ein schnelles Ins-Gespräch-Kommen. Die Teilnehmenden registrieren sich einmalig auf der Plattform und kommen dann in Form eines kleinen Avatars in einen vom Trainer vorbereiteten Austausch- oder Pausenraum. Die Avatare bzw. Profilbilder können sich wie in einem Computerspiel bewegen. Sobald eine Person auf eine andere Person „trifft", sich also die Bubbles berühren, öffnet sich um die beiden ein Sprechkreis. Mikrofon und Kamera gehen automatisch an und die beiden zufällig aufeinandergetroffenen Personen können ganz informell plaudern. Voraussetzung für diesen hybriden Pausenraum: Der/Die Trainer:in muss den Raum vorbereiten, anleiten und bei technischen Problemen zur Verfügung stehen.

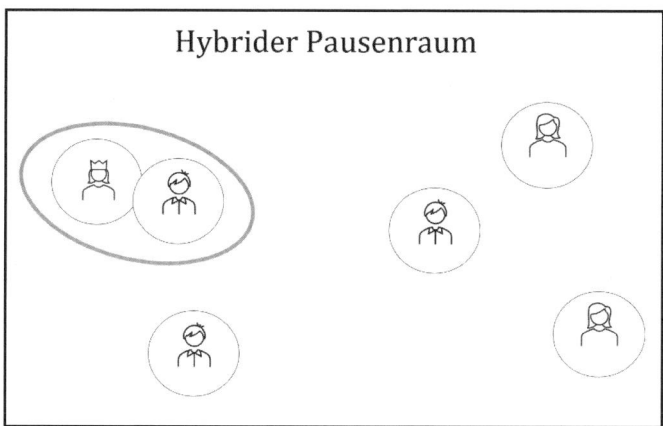

Abb. 7: Hybrider Pausenraum

Hybride Gruppenarbeit

Das unserer Erfahrung nach beste Mittel, um die Präsenz-
und Online-Teilnehmenden in guten Austausch zu bringen,
sind gemischte Gruppenarbeiten, das heißt, Präsenzteilnehmende arbeiten mit den Online-Teilnehmenden zusammen. Die Welten rücken sozusagen noch mal näher zusammen und die soziale Präsenz im virtuellen Raum wird erhöht.

Bei solchen Gruppenarbeiten gibt es allerdings einige
Punkte zu beachten:

1. **Räumlichkeiten:** Für solche Gruppenarbeiten werden
   mehrere kleinere Räume benötigt, die ebenfalls technisch
   gut ausgestattet sein sollten (großer Bildschirm und, falls
   möglich, Raummikrofone oder gute Bildschirmmikrofo-
   ne). So können die Kleingruppen gut miteinander kom-

munizieren und an einem gemeinsamen Whiteboard arbeiten.

2. **Technik:** Wenn zum Beispiel drei Präsenzteilnehmende gemeinsam vor einem Laptop sitzen und die Gruppenarbeit mit zwei Online-Teilnehmenden durchführen, sind sie durch den Virtual Classroom verbunden. Hier ist es wichtig, dass die Präsenzteilnehmenden nicht durcheinanderreden, sondern sich an eine klare Kommunikationsstruktur halten. Tun sie dies nicht, ist es für die Online-Teilnehmer schwer, gut kollaborativ mitzuarbeiten und dem Geschehen zu folgen.

3. **Genaue Handlungsanweisung:** Bei solch komplexen Gruppenarbeiten ist es wichtig, dass die Trainerin genau anweist und anleitet. Dazu gehören nicht nur eine präzise Aufgabenstellung mit genauen Zeitangaben, sondern auch Hinweise auf die Dokumentation der Ergebnisse und das Ernennen eines Gruppensprechers.

Abb. 8: Hybride Gruppenarbeit

Telefon-Brain-Walk

Eine weitere, sehr effektive Möglichkeit, um die Teilnehmenden aus beiden Welten zu verbinden und gleichzeitig eine nachhaltige und gehirngerechte Art und Weise des Lernens einzubinden, ist der sogenannte Telefon-Brain-Walk. Schon lange ist in der Wissenschaft bekannt, dass körperliche Bewegung gewisse Verschaltungen im Gehirn ermöglicht, wodurch sich Hirnaktivitäten steigern lassen und es allgemein zu einer höheren Leistungsfähigkeit kommt. Mit dem Telefon-Brain-Walk werden also zwei Fliegen mit einer Klappe geschlagen: Wissen verankert sich besser aufgrund höherer Hirnaktivitäten und der soziale Kitt innerhalb der beiden Teilnehmergruppen wird gestärkt.

Paare bilden

Die Teilnehmenden aus der Präsenzgruppe gehen mit den Online-Teilnehmenden immer paarweise zusammen. Jedes Paar tauscht die Telefonnummern aus (hier muss die Trainerin gut anleiten, damit kein Chaos entsteht, und auch darauf achten, dass der Datenschutz beachtet wird; außerdem sollte noch mal auf die Vertraulichkeit hingewiesen werden, v. a. wenn Teilnehmende mit ihren privaten Mobilgeräten telefonieren). Wenn jeder einen Partner und dessen Telefonnummer hat, gibt die Trainerin den Teilnehmenden eine Aufgabenstellung bzw. ein Diskussionsthema mit. Dazu sollen sich die Paare austauschen.

Wichtig: Für diese Methode sollte mindestens eine Zeit von 30 Minuten (besser 45–60 Min.) eingeplant werden. Es ist erwünscht, dass die Teilnehmenden wirklich raus an die frische Luft gehen, also weg vom Schreibtisch und weg vom Bildschirm kommen und sich richtig bewegen. Ganz automatisch wird durch solch einen Ortswechsel auch eine informelle Atmosphäre geschaffen, in der sich die Paare auch schnell etwas zu ihrer jeweiligen Umgebung erzählen und so oftmals motivierter in den Austausch und die Diskussion starten.

Abb. 9: Telefon-Brain-Walk

Kamera-Methode

Die Kamera hat nicht nur die Funktion, Online-Teilnehmende im virtuellen Klassenzimmer sichtbar werden zu lassen. Sie eröffnet auch die Möglichkeit, zu „spielen" und sie für methodische Zwecke einzusetzen.

Variante 1: Zunächst kann die Kamera, wie bereits bei den hybriden Patenschaften beschrieben, verwendet werden, um „Handzeichen" der Online-Teilnehmenden zu simulieren. Hierzu halten diese einen Post-it (am besten einen roten) in die Kamera, um zu signalisieren, dass sie eine Frage haben oder etwas unklar ist.

Variante 2: Auch Warm-ups oder Zwischendurch-Methoden können mit der Kamera durchgeführt werden. Eine beliebte Warm-up-Methode, die wir gerne einsetzen, ist die „Ja-oder-Nein-Methode". Hierbei stellt der oder die Vortragende lockere Fragen zu Beginn, um das Eis zu brechen und die Teilnehmenden auf das Training einzustimmen. Solche Fragen können ganz allgemein gehalten sein, müssen allerdings mit Ja oder Nein beantwortet werden können („Haben Sie ein Haustier?" „Wohnen Sie in der Stadt?" „Mögen Sie Pizza?").

Wenn man schon spezifischer einsteigen möchte, eignen sich zum Thema passende Fragen („Haben Sie schon mal an einem hybriden Training teilgenommen?" „Haben Sie schon mal selbst ein hybrides Training durchgeführt?" usw.). Vorher wird vereinbart, dass bei der Antwort NEIN die Online-Teilnehmenden ihre Kamera mit einem roten Post-it abdecken und die Präsenzteilnehmenden einen Post-it in die Luft halten. Sofern die Präsenzteilnehmenden ebenfalls ihren Laptop dabeihaben, können sie alternativ ebenfalls ihre Kamera bei einer Nein-Antwort abdecken. Dies vereinfacht es auch den Online-Teilnehmenden, einen Überblick zu bekommen.

Durch ausgewählte Methoden in den verschiedenen Phasen einer hybriden Veranstaltung oder eines hybriden Trainings können diese so interaktiv sein, dass sie Spaß machen und damit nachhaltig und transferorientiert sind. Besonders der Einstieg ist sehr wichtig, um eine gemeinsame gute Grundlage für die weitere Zusammenarbeit während des Trainings zu schaffen und direkt von Anfang an die Teilnehmenden aus beiden Welten gleichermaßen abzuholen. Die Methoden können ständig angepasst, erweitert oder kombiniert werden – hier kennt die Kreativität fast keine Grenzen. Wichtig: Die eingesetzten Methoden müssen in beiden Welten funktionieren, keiner sollte (z. B. aufgrund unzureichender Technikmöglichkeit) ausgeschlossen oder hintangestellt werden.

3.2 Externe Tools

Online-Methoden, bei denen alle Teilnehmenden gleichermaßen partizipieren können, machen nicht nur Spaß, sondern erleichtern die Kollaboration und das gemeinsame Erarbeiten von Themen. Außerdem tragen sie zur Lernmotivation bei und können in geschickter Art und Weise vor allem Transfer und Nachhaltigkeit unterstützen. Auch hier gilt: Immer von der Online-Seite her planen! Das, was im virtuellen Raum funktioniert, funktioniert auch im Präsenzraum – sofern die Teilnehmenden vor Ort alle einen Laptop bei sich haben.

Im Folgenden sollen einige externe Tools vorgestellt werden, mit denen wir gute Erfahrungen in hybriden Settings gemacht haben. Ein Hinweis zu allen nachfolgenden Tools: Alle sind browserbasiert und werden vom Trainer über das Application Sharing im Virtual Classroom übertragen. So sehen Online-Teilnehmende dasselbe wie Präsenzteilnehmende.

Kahoot

Kahoot eignet sich hervorragend, um spielerisch neue Inhalte zu vermitteln und dabei die Teilnehmenden aus dem Online-Raum mit den Teilnehmenden aus der Präsenz zu verbinden. Mit Kahoot können Live-Quizze erstellt werden, bei denen die Teilnehmenden gegeneinander spielen. So wird der Wettbewerbsgeist geweckt, durch welche man besonders die Online-Teilnehmenden gut aktivieren und integrieren kann. Außerdem werden die vorher gelernten Inhalte/Themen durch diese Art der Gamification noch einmal gefestigt und verinnerlicht.

So funktioniert Kahoot

Der Trainer erstellt auf kahoot.com ein Quiz zum Trainingsinhalt. Hierfür werden Fragen mit dazugehörigen Antwortmöglichkeiten formuliert. Wichtig: Es sollten immer eine richtige Antwort und bis zu drei falsche Antworten formuliert werden, beispielsweise wie bei der Quizshow „Wer wird Millionär?". Anschließend wird zum fertigen Kahoot ein Spielcode erstellt (QR-Code), mit dem sich die Teilnehmenden am besten per Smartphone einwählen. Alternativ gibt es auch einen automatisch kreierten Link (kahoot.it + PIN-Nummer), den der Trainer an alle Teilnehmenden versenden kann. Jeder Mitwirkende wählt sich lediglich mit einem frei erfundenen Nickname ein, wodurch an dieser Stelle auch der Datenschutz gewahrt wird. Anschließend müssen die Fragen innerhalb einer bestimmten Zeit (Empfehlung: 10–20 Sekunden einstellen) beantwortet werden. Am Ende werden die ersten drei Gewinner in einer kleinen Art Siegerehrung gekürt. Bei Kahoot gibt es neben der kostenpflichtigen Version auch eine kostenlose Variante, die für die meisten Einsatzgebiete ausreicht. Für die Trainer, die spontan ein Kahoot spielen wollen, allerdings keines vorbereitet haben, gibt es auch die Möglichkeit, öffentliche Kahoots zu verwenden. Diese sind dann allerdings nicht ganz themenspezifisch und dienen mehr der allgemeinen Aktivierung.

Oncoo

Oncoo (von online kooperieren) ist ein Tool, das ursprünglich von Lehrer:innen für Lehrer:innen entwickelt wurde und onlinegestützte Kommunikation und Zusammenarbeit stärkt. Oncoo ist browserbasiert, es ist also nicht nötig, eine App herunterzuladen. Wir verwenden Oncoo im hybriden Raum sehr gerne für die (Feedback-)Methode „Zielscheibe".

So funktioniert Oncoo

Die Trainerin erstellt bestimmte Fragen, die von 1–10 bewertet werden (Skala ist anpassbar). Anschließend wird die erstellte „Oncoo-Zielscheibe" von der Trainerin freigegeben (QR-Code/Pin) und die Teilnehmenden können via Smartphone, Tablet oder Laptop abstimmen. Wie bei Mentimeter (siehe folgenden Abschnitt) werden die Ergebnisse in Echtzeit angegeben. Die Abfrage ist anonym. Wenn es „Ausbrecher" gibt, also sehr schlechte Bewertungen, sollte auf jeden Fall nachgefragt werden.

Mentimeter

Mit Mentimeter können hybride Veranstaltungen durch Umfragen, Wortwolken und Quizfragen angereichert werden. Bestens geeignet ist Mentimeter auch für eine Abstimmung und Evaluation. Die Auswertung passiert in Echtzeit, wodurch sich direkt Stimmungsbilder oder das Vorwissen zu einem bestimmten Thema ableiten lassen.

So funktioniert Mentimeter

Die Trainerin erstellt vor dem Training eine oder mehrere Slides über mentimeter.com. Hinweis: In der kostenlosen Variante können nur zwei Fragen pro Präsentation erstellt werden und die Auswahl der Fragetypen ist begrenzter. Jede erstellte Slide (z. B. mit einer Umfrage) erhält nach Erstellung einen eigenen Code, den die Teilnehmenden via Smartphone eingeben müssen. Aufgrund der benutzerfreundlichen Anwendung eignet sich Mentimeter im hybriden Raum sehr gut: Jeder Teilnehmende kann von überall aus gleichermaßen teilnehmen und es gibt keine Beschränkungen oder Anpassungen, die man für eine Gruppe vornehmen müsste.

Wheel of names

Normalerweise gehen wir in hybriden Sessions bei der Einbeziehung der Teilnehmenden so vor, dass zuerst eine Person aus dem Online-Raum aufgerufen wird, anschließend eine Person aus der Präsenz und danach wieder eine Person aus dem Online-Raum. Durch diesen Wechsel motivieren wir eine enge Vernetzung dieser beiden Gruppen. Eine alternative Art und Weise, wie man die jeweiligen Teilnehmenden gleichermaßen miteinbeziehen kann, ist die Wheel-of-names-Methode. Dieses virtuelle Glücksrad bringt Schwung in jedes Training und fördert vor allem die Aufmerksamkeit, da man nie wissen kann, wann man nun selbst an der Reihe ist. Das Schöne ist: Wheel of names ist kostenfrei und browserbasiert. Der Trainer muss sich also nirgends einloggen.

So funktioniert Wheel of names

Zunächst müssen die Namen der Teilnehmenden in das Glücksrad eingetragen werden (Vorsicht: Aus Datenschutzgründen empfehlen wir, nur die Vornamen einzutragen), anschließend wird über den Button „Spin" das Glücksrad gedreht. Derjenige, bei dem das Rad hält, darf die nächste Frage beantworten (oder ist an der Reihe, um z. B. seine Arbeitsergebnisse vorzustellen). Alternativ kann das Wheel of names auch als Wheel of questions angepasst werden. Hierfür werden statt der Namen einfach verschiedene Fragen eingefügt, die z. B. reihum beantwortet werden sollen.

LearningApps und LearningSnacks

Mit LearningSnacks und LearningApps können kleine Lerneinheiten kostenlos erstellt und mit Quizzen versehen werden. Bei den LearningSnacks sind die Lerneinheiten in Messenger- bzw. Chatbot-Optik aufgebaut und dafür ausgelegt, mit dem Smartphone abgerufen zu werden. Die Erstellung ist äußerst simpel und die Website erstellt automatisch einen QR-Code sowie einen Link für die Einbettung der Einheit. Bei den LearningApps steht der Community-Gedanke im Vordergrund und so können bereits erstellte Quizze von anderen Nutzern kopiert und verändert werden. Hyperlinks und QR-Codes zum Teilen werden automatisch erstellt. Solche Gamification-Einheiten eignen sich im hybriden Raum optimal und auch hier ist der Sinn, die soziale Präsenz zu erhöhen und den sozialen Kitt zu festigen. Die Teilnehmenden können entweder miteinander oder gegeneinander spielen, es können gemischte Tandems gebildet werden oder die Gruppe kann als großes Team gegen das System spielen.

Externe Whiteboards

Externe Whiteboards erleichtern um ein Vielfaches die kollaborative Zusammenarbeit im virtuellen Raum. Bei hybriden Trainings, in denen zum Beispiel hybride Gruppenarbeiten eingesetzt werden, ist ein Online-Whiteboard, auf welchem die Gruppenmitglieder zeitgleich und in Echtzeit gemeinsam arbeiten können, ein echter Mehrwert. Voraussetzung ist natürlich, dass jedes Gruppenmitglied einen Laptop bei sich hat, um sich mit auf das Whiteboard zu schalten. Unserer Erfahrung nach ist es sehr schwer, ohne solche digitalen Whiteboards zu arbeiten, wenn es Teilnehmende im Online-Raum gibt. Zwar gäbe es die Möglichkeit, im Präsenzraum Pinnwände von den Teilnehmenden vor Ort beschreiben zu lassen und diese dann über die Kamera in den Online-Raum zu übertragen. Die Unleserlichkeit ist allerdings bei schwachen Kameras ein großes Problem (oftmals wird das Geschriebene auf den Pinnwänden auch spiegelverkehrt dargestellt). Beispiele für Online-Whiteboards sind Miro, Mural, Padlet oder Concept Board.

Mithilfe von Online-Lernspielen und -Quizzen können sich die Teilnehmenden mit den Inhalten spielerisch auseinandersetzen. Mit Voting-Tools können während einer Veranstaltung neue Arten der Aktivierung eingesetzt werden. Im Kern geht es also darum, die positiven Effekte dieser digitalen Möglichkeiten im Hinblick auf hybride Formate zu nutzen, um die Zusammenarbeit der beiden Welten zu stärken, dabei aber den Blick auf die Nachhaltigkeit der vermittelten Inhalte nicht zu verlieren.

3.3 Tipps zur Technik

Aus Online-Meetings kennen wir das bereits: Wenn die Technik versagt, ist meistens auch das ganze Meeting nicht erfolgreich oder kann im schlimmsten Fall nicht durchgeführt werden. Auch im hybriden Setting ist es unerlässlich, dass der technische Aufbau gut durchdacht wurde. Im Folgenden sind grundlegende Dinge aufgeführt, an die Sie in jedem Fall denken sollten.

Der Ton ist das A und O!

Ein gutes Audio ist genauso wichtig wie die Sensibilisierung der Teilnehmenden hierfür. Informelle Gespräche mit dem Sitznachbarn im Präsenzraum können sehr störend wirken für die virtuell zugeschalteten Teilnehmenden: Diese können nämlich oftmals nicht verorten, von wo die Geräusche kommen. So sind sie unsicher, ob das, was sie gehört haben, wichtig und von Bedeutung war und sie bei Nichtverstehen nachfragen müssen, oder ob es lediglich ein privates Gespräch war. Der Ton und die Geräuschlage sind also von großer Bedeutung, denn sie entscheiden am Ende darüber, ob alle alles verstanden und somit den Überblick über das Gesagte haben oder eben nicht. Das Phänomen mit dem Ton kennt man aus vielen Studien und Wissenschaften: Wenn ein Film verwackelt ist, allerdings einen guten, sauberen Ton hat, ist es für den Menschen und dessen Konzentration einfacher, dem Inhalt zu folgen, als wenn der Ton sehr schlecht ist und dafür das Bild scharf.

> **Tipp:** Der hybride Raum sollte mit guten Raummikrofonen ausgestattet sein. Alternativ kann man sich auch sogenannte „Catchboxes" zulegen. Diese Wurfmikrofone eignen sich besonders für einen großen Raum mit vielen Präsenzteilnehmenden. Die Audioqualität ist mittlerweile sehr gut und die Aktivierung der Teilnehmenden nimmt durch die Bewegung zu.

Verschiedene Kameraperspektiven

Es ist sinnvoll, mindestens zwei Kameras im hybriden Raum zu verwenden. Eine Kamera sollte auf den gesamten Raum ausgerichtet sein, sodass die Online-Teilnehmenden ein Gespür für die Atmosphäre und den Aufbau vor Ort bekommen. Außerdem ist so zu erkennen, wie viele Teilnehmende vor Ort sind, wer neben wem sitzt und wo sich der Trainer befindet. Eine weitere Kamera sollte auf den Trainierenden gerichtet sein, sodass der Blickkontakt zu den Online-Teilnehmenden ermöglicht wird. Bonus: Wenn sich diese Kamera noch mit dem Trainer mitbewegt oder es zumindest die Möglichkeit gibt, verschiedene Positionen einzustellen und die Kamera mit einem Klick der Fernbedienung umzuschwenken, kann sich der Trainierende auch im Raum bewegen, ohne dass er/sie dabei die Aufmerksamkeit der Online-Teilnehmenden verliert. Tipp: Sogenannte Meeting Owls lassen sich bei kleineren Gruppen auf Tischen platzieren. Diese Owl sieht tatsächlich ein wenig aus wie eine Eule, ist sowohl mit einer Kamera und einem Mikrofon ausgestattet und bewegt sich automatisch zu dem Präsenzteilnehmenden, der gerade spricht. Die Online-Teilnehmenden sehen über die Kamera also immer das Bild des Speakers und haben aufgrund der guten Mikrofone auch immer den dazugehörigen Ton, wodurch eine sehr große Nähe zwischen Online und Präsenz erreicht werden kann.

Bildschirme und VC-Tool

Im hybriden Raum dürfen große Bildschirme nicht fehlen. Ein Bildschirm (oder eine Leinwand) sollte im Präsenzraum hinter der Trainerin aufgebaut sein, sodass die Teilnehmenden in Präsenz die Präsentation sehen können. Auf einem weiteren Bildschirm muss der Virtual Classroom mit den eingewählten Online-Teilnehmenden abgebildet werden. Wichtig ist hier, dass sich die Online-Teilnehmenden auch mit Video einwählen. Wie bereits erwähnt, ist ein VC-Tool, das ausreichend didaktische Funktionen zum kollaborativen Arbeiten enthält, wichtig für das hybride Setting. Wenn sich Online-Teilnehmende überhaupt nicht mitteilen können, weil es zum Beispiel keinen Chat gibt oder Funktionen wie Handzeichen oder Breakout-Session ausgestellt sind, werden diese Teilnehmer nach kürzester Zeit abgehängt.

Sitzordnungen und Räumlichkeiten
Um hybride Veranstaltungen optimal durchzuführen, sind die räumlichen Bedingungen nicht zu unterschätzen. Die Sitzordnung kann auch in hybriden Settings dazu beitragen, die Gesprächs- und Gruppenatmosphäre positiv zu prägen. Blickkontakt trägt besonders dazu bei, den sozialen Kitt zwischen den beiden Gruppen zu stärken. Außerdem ist es entscheidend für den Lernerfolg, dass jeder der Teilnehmenden den Trainierenden gut im Sichtfeld hat (andersherum natürlich auch).

Je nach Art und Weise des hybriden Settings eignet sich bei Trainings, in denen Interaktion und Kollaboration im Vordergrund stehen, eine Bestuhlung in U-Form, in der die Präsenzteilnehmenden gemeinsam mit den virtuellen Teilnehmenden via Bildschirm integriert sind. Dabei sitzt oder steht der/die Trainer:in an der Öffnung des Us und der Bildschirm mit den Online-Teilnehmenden ist im U integriert. Es wird eine intensivere Mitarbeit ermöglicht und der Blickkontakt ist aufgrund der Nähe besser gewährleistet.

Raumkamera

Außerdem sollte eine Raumkamera vorhanden sein, welche den kompletten Raum samt Trainer:in und Präsenzteilnehmenden ausleuchtet. Zusätzlich zu dieser Raumkamera ist es notwendig, noch eine weitere Kamera in der Mitte des Us zu positionieren, die sich auf verschiedene Positionen einstellen lässt. Damit kann der Trainierende im Raum umhergehen, ohne dass die Online-Teilnehmenden den Blickkontakt verlieren. Mit solch einer beweglichen Kamera lässt sich auch auf die Präsenzteilnehmenden schwenken, sobald jemand länger spricht. Dies schafft Nähe und soziale Präsenz.

Wichtige Voraussetzung für Gruppenarbeiten sind zusätzliche kleinere Räume, die ebenfalls mit einem großen Bildschirm und gutem Audio ausgestattet sein sollten (siehe Abschnitt zur hybriden Gruppenarbeit).

Abbildung 10 zeigt eine Raumanordnung, mit welcher wir bereits in einigen hybriden Trainings und Workshops gut gefahren sind. Aufgrund der Übersichtlichkeit sind in dieser Abbildung keine Raummikrofone abgebildet – diese sind natürlich essenziell und sollten in jedem Raum, der für hybride Veranstaltungen genutzt wird, vorhanden sein.

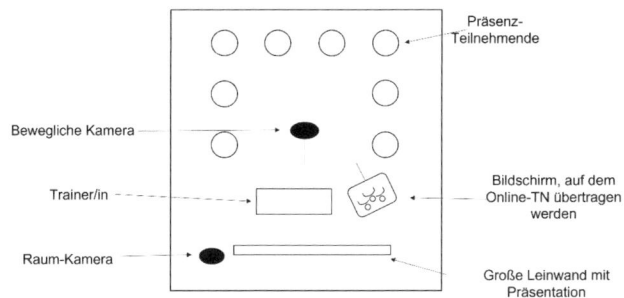

Abb. 10: Beispiel eines hybriden Settings

Da in hybriden Settings die beiden Welten – Online und Präsenz – miteinander verbunden werden sollen, ist die Technik das A und O, denn sie fungiert als Bindeglied. Umso wichtiger ist es, sich vorher im Klaren zu sein, welche Ziele man mit den hybriden Veranstaltungen verfolgt (mehr Interaktion? mehr Vortrag?), und daran die technische Ausstattung auszurichten.

3.4 Planungscheckliste

Diese kleine Checkliste soll Ihnen für Ihre kommenden hybriden Veranstaltungen als Unterstützung dienen:

- Mindestens eine Stunde vor Veranstaltungsbeginn vor Ort sein (auch wenn die Location/Technik schon bekannt ist): Warum? Bei Störungen haben Sie noch einen zeitlichen Puffer, um diese zu beheben oder bei einem Techniker nachzufragen. Außerdem starten Sie entspannter in die

Veranstaltung, die im hybriden Setting intensiv ist und auch für versierte Trainer:innen eine Herausforderung darstellen kann.

- Alle benötigten Rechner und Beamer/Bildschirme einschalten und miteinander verbinden. Checken, auf welchem Rechner das VC-Tool läuft, in das sich die Online-Teilnehmenden einloggen. Dieser sollte mit einem großen Bildschirm im Raum verbunden sein, damit der/die Trainer:in sowie die Präsenzteilnehmenden die virtuellen Teilnehmenden direkt im Blick haben und diese als Teil der Lerngruppe sehen.
- Überprüfen, ob Präsenzteilnehmende einen Laptop dabeihaben und sie ebenfalls die Einladung für das VC-Tool erhalten haben.
- Wenn vorhanden: Raummikrofone einschalten, sodass der Sound bei den virtuellen Teilnehmenden gut ankommt.
- Wenn vorhanden: Kameras im Raum ausrichten, sodass die virtuellen Teilnehmenden nicht nur den/die Trainer:in in der Kamera des VC-Tools sehen, sondern auch einen Blick für den gesamten Raum und die Präsenzteilnehmenden haben. Ggf. Positionen der beweglichen Kamera einstellen, sodass sich der/die Trainer:in im Raum bewegen kann.
- Gruppenräume checken: Habe ich in meiner Location genügend Platz und genügend Extra-Räume, um hybride Gruppenarbeiten stattfinden zu lassen? Wie sind diese ausgestattet und welche Möglichkeiten bieten sie?
- Falls Sie die Möglichkeit haben, nehmen Sie sich für die ersten hybriden Veranstaltungen einen Co-Moderator mit,

der Sie besonders bei der Technik während der gesamten Veranstaltung unterstützt und den Blick auf die Online-Teilnehmenden hat.

- Achten Sie immer darauf: Sie möchten die beiden Welten (Online und Präsenz) im hybriden Raum verbinden. Beziehen Sie daher auch Elemente aus beiden Welten ein (dazu gehören auch die gemischten Gruppen in den Breakout-Sessions und die Gamification-Elemente).

Die Methodik, die im hybriden Raum eingesetzt wird, dient neben der Aktivierung und generellen Interaktion auch der Verbindung zwischen den zwei Welten: Wenn dies gelingt, ist echte Kollaboration möglich.

- Besonders das Warm-up zu Beginn darf nicht unterschätzt werden. Hierzu sollte man sich ausreichend Gedanken machen, um direkt zu Beginn jeden Teilnehmenden gleichermaßen abzuholen. Außerdem wird so bereits zu Beginn dem Proximity Bias entgegengewirkt.

- Eine gute und funktionierende Technik ist das A und O. Gerade die online zugeschalteten Teilnehmenden werden schnell abgehängt, wenn die Technik nicht richtig funktioniert. Besonders wichtig ist eine gute Audio-Ausstattung. Raummikrofone, Meeting Owls oder Catchboxes sind hier wertvolle Unterstützer.

- Eine gute Vorbereitung für die hybride Veranstaltung ist essenziell, da diese meist sehr intensiv und anstrengend ist. Unterstützend kann daher ein Co-Moderator sein, der zum Beispiel die Technik im Auge behält.

Wohin geht künftig die Reise?

Seite 73

Welche Kompetenzen brauchen Sie im Training, damit Sie auch morgen noch arbeitsfähig sind und bleiben?

Seite 77

Welche Anforderungen kommen auf Unternehmen und Bildungsorganisationen zu?

Seite 81

4. Blick in die Zukunft

Was wird uns in Zukunft erwarten? Welche Kompetenzen und Anforderungen sind für Sie auch in Zukunft relevant? Diese und viele weitere Fragen beschäftigen Bildungsexpert:innen, Unternehmer:innen, Universitäten, Bildungsinstitute u. v. m. Lassen Sie uns nun einen Blick in die Zukunft wagen!

4.1 Ist hybrid der neue Standard?

Hybride Events, so wie sie jetzt technisch möglich sind, sind noch lange nicht am Ende ihrer Entwicklung angekommen. Die Technik wird noch einiges an Überraschungen für uns als Trainer:innen und Berater:innen oder auch Coachees bereithalten.

Daher kann die Frage aus der Kapitelüberschrift mit einem eindeutigen *Ja* beantwortet werden. Die hybride Welt wird nicht wieder verschwinden. Die Frage ist nur noch, wohin die Entwicklungen gehen werden.

Ortsunabhängig arbeiten

Wir können davon ausgehen, dass immer mehr Menschen remote arbeiten werden. Für die nachwachsende Generation ist es vollkommen selbstverständlich, dass sie sich inzwischen auf Jobs überall auf der Welt bewirbt und gar nicht mehr anstrebt, dort auch real zu wohnen. Dies wird massiv auf die Arbeitswelt einwirken, weil es inzwischen schon viele hybride Teams gibt.

Verteilte Teams

Zum Thema verteilte Teams und Zusammenarbeit gibt es einen Erklärungsansatz (Boos, Hartwig & Riethmüller, 2017), den wir hier kurz vorstellen, weil er deutlich macht, wie zentral hybride Events für die Zusammenarbeit und das gemeinsame Lernen sind. Verteilte Teams lassen sich in vier Dimensionen beschreiben, die sich wiederum aufteilen in verschiedene Komplexitätsgrade.

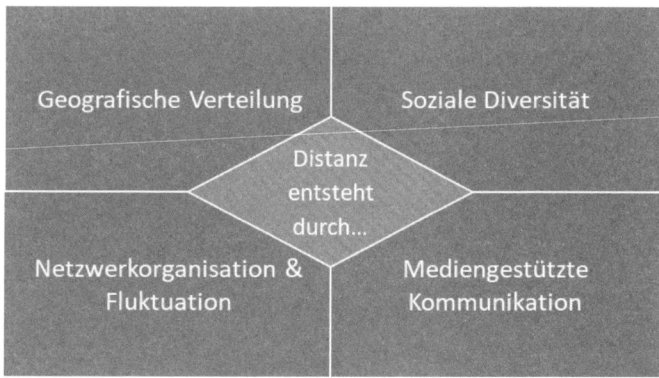

Abb. 11: Vier Dimensionen von Teams (Boos, Hartwig, Riethmüller, 2017)

Die **geografische Verteilung** gliedert sich auf in:
- Anzahl der Standorte
- Verschiedene lokale Standards
- Unterschiedliche Zeitzonen
- Verschiedene Arbeits- und Schichtzeiten

Mit **sozialer Diversität** sind folgende Aspekte gemeint:
- Verständnislücken und -probleme
- Unterschiedliche kulturelle Wertvorstellungen
- Fremdheit
- Status und formale Hierarchie

Unter **Netzwerkorganisation und -fluktuation** versteht man:
- Vielzahl an Aufgaben
- Externe Vernetzung
- Unterschiedliche persönliche Ziele
- Mehrfachmitgliedschaft in unterschiedlichen Teams

Mediengestützte Kommunikation beinhaltet u. a.:
- Technische Schwierigkeiten
- Medienkompetenz
- Missverständnisse

Beispiel 1

Ein Team hat insgesamt vier verschiedene Standorte auf der Welt. Ein Standort ist größer als die anderen, sodass es ein Team gibt, dass sich Face-2-Face treffen kann, und weitere Teammitglieder, die virtuell dazugeschaltet werden. Im Team arbeiten Menschen aus verschiedenen Ländern zusammen, daher sind kulturelle Unterschiede immer wieder Thema. Das Team ist auf Dauer angelegt und hat klar umrissene Aufgaben gemeinsam zu bewältigen (die Entwicklung neuer Produkte). Ein Vorteil ist, dass alle eine hohe Medienkompetenz mitbringen und die Tools, die zur Verfügung stehen, virtuelle Zusammenarbeit unterstützen. Für solch ein Team sind hybride Events essenziell. Ein Teil ist vor Ort, der Rest wird online dazugeschaltet. Es braucht eine:n Moderator:in, damit die Meetings effektiv verlaufen, und es braucht vor allem gut funktionierende Technik: Audio, Video und gemeinsame kollaborative Tools.

Man kann jetzt noch weitere Beispiele aus diesen vier Dimensionen ableiten, z. B. ein Team, dass nur punktuell für eine Problemlösung zusammenarbeitet und sich wieder auflöst. Das stellt noch mal ganz andere Herausforderungen an hybride Events, weil hier insbesondere darauf geachtet werden muss, ein Vertrauensverhältnis und einen gemeinsamen Wissenshintergrund schnell aufzubauen, damit die Zusammenarbeit funktioniert.

Beispiel 2

Eine Person ist gleichzeitig Mitglied in verschiedenen verteilten Teams und braucht daher eine hohe eigene Kompetenz, um sich immer wieder schnell auf neue Situationen einstellen zu können. Vielleicht gibt es mal ein Treffen vor Ort, dann wieder hybrid, dann wieder Austausch mit nur einer anderen Person virtuell ... Diese Person braucht eine hohe Medienkompetenz und Unterstützung von der Führungskraft bzw. individuelle Unterstützung durch PE/HR beim individuellen Kompetenzaufbau.

Hybrid ist Standard

Hybride Events sind bereits Realität in der modernen Arbeitswelt. Es gibt inzwischen eine Vielzahl an Möglichkeiten, in denen Personen verteilt gemeinsam lernen und zusammenarbeiten. Die Bandbreite bleibt dabei groß: Face-2-Face-Treffen, rein virtuelle Veranstaltungen und hybrid!

Gerade für die nachwachsende Generation ist es bereits selbstverständlich und die Strukturen sind geschaffen: Remote zusammenarbeiten ist Realität geworden. Verteilte Teams sind bereits Alltag. Daher ist die Frage eindeutig zu beantworten: Hybride Events sind und bleiben Standard.

4.2 Wichtige Kompetenzen der Zukunft

Klar ist immer noch, dass es viel leichter ist, rein virtuelle Events oder reine Face-2-Face-Events umzusetzen. Hier haben wir in den letzten Jahren sehr viel gelernt, entwickelt und erprobt.

Die Verbindung der beiden Welten gleichzeitig stellt uns alle vor neue Herausforderungen. Welche Kompetenzen sind es jetzt genau, die wir benötigen, jetzt und in Zukunft?

Hilfreich ist es dabei, sich am **4-Rollen-Modell der E-Moderation** zu orientieren (Bett, 2011), das im Rahmen einer qualitativ-quantitativen Studie entwickelt wurde. Dieses beschreibt die typischen Rollen, Aufgaben und Funktionen der Online-Betreuung und -Moderation und lässt sich gut auch auf hybride Events übertragen.

Wie in Abbildung 12 zu erkennen, sind es vier Rollen, in denen spezifische Kompetenzen benötigt werden. Konkret braucht es Folgendes:

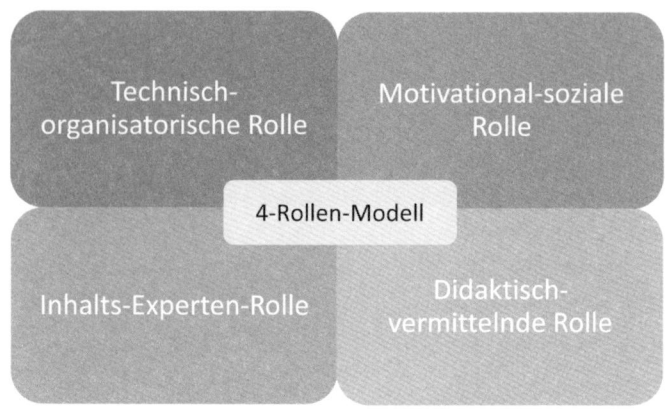

Abb. 12: 4-Rollen-Modell der E-Moderation (nach Bett, 2011)

Technisch-organisatorische Rolle

⇨ Technisches Basiswissen und sichere Bedienkompetenz: Programmieren können muss niemand, aber die technische Kompetenz muss so weit vorhanden sein, dass die eingesetzten Tools problemlos bedient werden können und die Teilnehmenden mit Anleitung zur Bedienung unterstützt werden.

⇨ Technische Trends: Es braucht eine Offenheit gegenüber den aktuellen Entwicklungen. Jeder und jede sollte eigentlich sein eigener Trendscout sein. Welche Tools sind gerade en vogue, wohin könnte die Reise gehen, auf was muss ich mich einstellen? Das ist für uns eine sehr zentrale Kompetenz: eigenständig up to date bleiben. Hilfreich ist es auch, sich in entsprechenden Netzwerken zu bewegen.

⇨ Organisation und Agenda-Setting: In hybriden Events ist es besonders herausfordernd, dass die Teilnehmenden nicht den roten Faden verlieren. Die Ablenkungen durch die eingesetzte Technik kann sehr hoch sein. Daher ist eine wichtige Kompetenz das „Agenda-Setting". Eine klare Struktur hilft dabei, mit der eingangs beschriebenen Herausforderung „Cognitive Load" gut umzugehen.

Motivational-soziale Rolle

⇨ Soziale Präsenz: Wie oben schon dargestellt, ist dies eine der zentralsten Aufgaben und größten Herausforderungen, als Trainer:in, Moderator:in, Veranstalter:in oder auch Berater:in die Teilnehmenden in Verbindung zueinander zu bringen. Dabei gilt es die eingeschränkte Kommunikationssituation auszugleichen, die Teilnehmenden untereinander in Austausch zu bringen und für eine gute Atmosphäre zu sorgen.

Didaktisch-vermittelnde Rolle

Diese Rolle ist nur dann wichtig, wenn es um Lernsettings geht. Der große Unterschied liegt darin, dass eben nicht alle Methoden, die wir über lange Jahre aus der klassischen Präsenz kennen und erprobt haben, sich eins zu eins auf hybride Events übertragen lassen. Daher ist die wichtigste Kompetenz hier, von der Online-Situation aus zu denken. Alle Methoden, die virtuell funktionieren, funktionieren auch hybrid. Das stellt uns vor die Herausforderung, neue „Konzeptionsfähigkeiten" aufzubauen. Also so didaktischmethodisch planen zu können, dass das Event gut funktioniert.

Inhalts-Experten-Rolle

Auch diese Rolle ist nur dann relevant, wenn es um Lernsettings, Trainings oder Kompetenzerwerb geht. Hier ist die wichtigste Kompetenz das sogenannte „Weaving" (= Verweben). Die Inhalte stehen nicht nur „mündlich" zur Verfügung, sondern liegen in hybriden Settings auch digital zum Selbstlernen vor. Die wichtigste Kompetenz ist daher, zu wissen, wo welcher Inhalt wie vorhanden ist, und die Teilnehmenden an die Hand zu nehmen. Einmal kann es ein schlichter Kurzvortrag sein, dann wieder ein Learning Nugget in Form eines Erklärvideos, dann Kommunikation und Austausch auf einem kollaborativen Board, bei dem auch Inhalte von den Lernenden erzeugt werden, oder auch eine Aufzeichnung. Daher ist es eine zentrale Kompetenz für uns als Trainer:innen und Veranstalter:innen, aus fachlicher Sicht den Überblick zu behalten, Tipps und Anleitung zu geben.

Das 4-Rollen-Modell der E-Moderation bildet einen Handlungsrahmen für den individuellen Kompetenzerwerb. Als Trainer:in, Berater:in, Veranstalter:in oder Coachee kann ich mir bewusst machen, in welchen Feldern ich Kompetenzen aufbauen muss. Die vier Rollen sind: technisch-organisatorische Rolle, motivational-soziale Rolle, didaktisch-vermittelnde Rolle und die Inhalts-Experten-Rolle.

4.3 Das erwartet uns

Die technologischen Entwicklungen sind noch lange nicht am Ende angekommen. Betrachtet man die Möglichkeiten, die es jetzt schon gibt, dann sind die im Folgenden genannten Entwicklungen interessant für uns als Trainer:innen, Berater:innen, Veranstalter:innen oder Coachees.

Avatare

Ähnlich wie in vielen Science-Fiction-Filmen, werden Avatare, also Figuren, die virtuell stellvertretend im Raum sichtbar sein werden, ihren Platz in hybriden Events finden. Und hier ergeben sich dann wieder ganz neue Chancen. Die Personen vor Ort können so wesentlich leichter mit den virtuellen Personen interagieren. Das hängt auch mit der eingangs zitierten „sozialen Präsenz" zusammen. Wenn ich jemanden bildlich vor mir habe, der auch mit Mimik und Gestik auf mich als Person reagiert, kann ich viel leichter eine Verbindung herstellen.

Metaverse

Das Metaverse ist nicht mehr nur einfach „Internet", sondern eine ganz eigene Welt, in der wir uns bewegen und aktiv einbringen. Dabei verwischen die Grenzen zwischen realer und digitaler Welt: Wir bewegen uns z. B. mittels spezieller Brillen in einem realen Raum, interagieren aber über die Brille mit digitalen Gegenständen, treffen andere Avatare und können so die reale Welt massiv erweitern. Die wichtigste Eigenschaft des Metaverse (gegenüber den bisherigen Plattformen wie Facebook, Google, Amazon) ist die Dezentralität. Wir bewegen uns in einem virtuellen Universum und werden dabei „Teil des Internets", wir sind also im Internet selbst drin! Dabei bleibt die Kontrolle bei uns als Person, wir interagieren mit echten Individuen. Das eröffnet eine ganz neue Dimension für hybride Events: Das Metaverse ist nämlich bereits hybrid! Es gilt in den nächsten Jahren noch auszuloten, was und wie das Metaverse sich auf Lernen und Zusammenarbeit auswirken wird. Es bleibt spannend.

Professionelle Streaming-Studios

Viele Unternehmen haben bereits begonnen, professionelle Streaming-Studios einzurichten. Hier schafft man „Kundenerlebnisse", indem reale Menschen und Produkte digital übertragen und digital angereichert werden. Wir kennen das alle auch schon von Film und Fernsehen: Mittels Greenscreen werden reale Personen virtuell in andere Welten versetzt. Das kann man zukünftig auch für Lernen, Austausch und Zusammenarbeit nutzen. Beispielsweise indem Lerngegenstände im virtuellen Raum platziert werden oder virtuelle Concept Boards im Raum schweben. Besonders attraktiv sind solche Studios aber für Produktschulungen. Am echten Produkt können die Teilnehmenden lernen und gleichzeitig erhalten sie Kontextinformationen auf digitalem Weg und können sich zusätzlich noch mit anderen austauschen und kooperativ zusammenarbeiten.

Die digitale Wirklichkeit kommt

Sicherlich werden solche Entwicklungen, wie 3-D-Welten, Avatare, Virtual/Augmented Reality und Streaming-Studios, die Gestaltung von hybriden Events massiv beeinflussen. Die Frage ist nur noch, wann diese technischen Entwicklungen in der realen Welt ankommen werden!

Hybride Events sind der neue Standard und prägen fortan unseren Veranstaltungskosmos wie auch die Entwicklungen in der Arbeitswelt. Für die nachwachsende Generation ist es vollkommen normal, dass sie remote arbeitet.

- Die aktuellen Entwicklungen in der Arbeitswelt lassen sich mit den vier Dimensionen verteilter Teams beschreiben: geografische Verteilung, soziale Diversität, Netzwerkorganisation und -fluktuation sowie mediengestützte Kommunikation. Je nach Ausprägung gibt es verschiedene Anforderungen an einzelne Personen und das gesamte Team und damit auch an die Umsetzung und Gestaltung hybrider Events.
- Der individuelle Kompetenzerwerb für uns als Trainer:innen, Moderator:innen, Veranstalter:innen, Berater:innen oder Coachees ist eklatant wichtig. Es reicht nicht aus, sich methodisch-didaktisch weiterzubilden, man muss auch auf dem aktuellen Stand der technologischen Entwicklung bleiben. Neben der technischen Bedienkompetenz sind vor allem soziale Kompetenzen wichtig. Zentral ist dabei die Frage, wie ein gleiches Maß an Aktivität für alle Teilnehmenden erreicht wird.
- Die technologischen Entwicklungen, wie etwa Avatare, das Metaverse und professionelle Streaming-Studios, sind noch lange nicht am Ende angekommen. Hier ist noch viel Luft nach oben. Lassen wir uns also überraschen, was die Zukunft bringt.

10 Tipps für erfolgreiche hybride Veranstaltungen

Die folgenden 10 Tipps für die Durchführung von hybriden Veranstaltungen sind praxiserprobt und spiegeln unsere eigenen wichtigsten Erfahrungen wider (nach Bett, 2022).

Tipp 1: Gute Tonqualität für alle sicherstellen!
Bei der technischen Dimension ist am wichtigsten, dass der Ton gut und rauschfrei übertragen wird. Raummikrofone mit hoher Qualität sind wichtig, damit die Online-Teilnehmenden dem Geschehen im Raum vor Ort gut folgen können. Eine gute Audio-Übertragung ist übrigens immer wichtiger als eine Video-Übertragung.

Tipp 2: Raumkamera und Rechner-Kameras kombinieren!
Zentral ist hier, dass immer der jeweils Sprechende per Video übertragen werden sollte, damit sich die Online-Teilnehmenden gut eingebunden fühlen. Ebenso sollte natürlich auch der Online-Teilnehmende per Video in den Raum übertragen werden, wenn dieser die Sprecherrolle hat. Eine weitere technische Herausforderung entsteht bei der Videoübertragung, wenn z. B. vor Ort Inhalte auf einem Flipchart spontan festgehalten werden. Die Inhalte sollten dann auch mit einer Kamera in den Online-Raum übertragen werden. Hier hilft eine Raumkamera, die verschiedene Kameraeinstellungen speichern kann oder, noch besser, dem/der jeweiligen Sprecher:in folgt.

Tipp 3: Virtual Classroom einsetzen!

Am einfachsten ist es, parallel eine Software einzusetzen, die die meisten aus der virtuellen Zusammenarbeit oder Webinaren schon kennen, z. B. MS Teams, Zoom, Webex, BigBlueButton, edudip. Sie beinhalten viele Funktionen, die auch für hybride Events wichtig sind. So kann z. B. der Online-Teilnehmende leichter über Audio und Video eingebunden werden. Auch Präsentationen können leichter übertragen werden (einmal im Virtual Classroom für die Online-TN und einmal via Beamer für die Präsenz-TN).

Tipp 4: Konzeptionell von der Online-Seite her denken!

In Kapitel 1.2 haben wir beschrieben (Abschnitt „Proximity Bias"), dass man unbewusst dazu tendiert, automatisch die Präsenzteilnehmenden zu bevorzugen. Daher ist es immens wichtig, bei der didaktischen Planung eines hybriden Trainings oder Workshops von der Situation der Online-Teilnehmenden her zu denken. Die zentrale Frage muss immer sein: Funktioniert die gewählte Methode jetzt auch gut für die online Teilnehmenden? Was muss getan werden, dass diese sich gut integriert fühlen? Sollen tatsächlich vor Ort auch Flipchart und Metaplan-Wände eingesetzt werden?

Tipp 5: Bandbreite sicherstellen!

Eine richtig gute Übertragungsrate ist ein absolutes Muss. Wenn aufgrund von Netzproblemen die Übertragung der Audio- und Video-Dateien nicht funktioniert, sind die Online-Teilnehmenden die Leidtragenden. Daher sollte die Bandbreite nicht nur beim Veranstalter vor Ort, sondern auch bei den Online-Teilnehmenden vorab getestet werden.

Tipp 6: Sozialen Kaltstart ausgleichen!

Wenn die Technik sicher und stabil läuft, dann ist die nächste große Herausforderung, die Gruppendynamik auch in hybriden Gruppenkonstellationen in Gang zu bringen. Am wichtigsten ist dabei, dass der sogenannte „soziale Kaltstart" ausgeglichen wird. Die Präsenzteilnehmenden lernen sich schon beim Betreten des Schulungsraumes kurz kennen, können sich begrüßen, sich wahrnehmen und visuell gegenseitig einschätzen. Hier gibt es also eigentlich keinen sozialen Kaltstart. Dieser trifft nur auf die Online-Teilnehmenden zu. Daher ist es wichtig, dass der/die Trainer:in oder Moderator:in den Start in ein hybrides Event sehr bewusst plant und Methoden einsetzt, die ein gegenseitiges Kennenlernen der Online- und Präsenzteilnehmenden ermöglicht.

Tipp 7: Vereinbarungen treffen!

Üblicherweise werden zum Start eines Trainings in Präsenz oder auch in einem Webinar Kommunikationsregeln oder allgemeine Regeln vereinbart. Die meisten empfinden dies als banal. In hybriden Events ist das aber keineswegs banal, weil die Situation für viele tatsächlich neu ist. Daher ist es wichtig, zum Start gemeinsam mit der gesamten Gruppe zu überlegen, an welchen Regeln man sich orientieren möchte. Ein gemeinsames Commitment hilft.

Tipp 8: Paten oder Buddys einsetzen!

Eine Strategie in hybriden Events hat sich inzwischen sehr bewährt: das Paten- oder Buddy-Modell. Dabei gibt es zwei Umsetzungsmöglichkeiten: eine 1-zu-1-Lösung oder eine

1-zu-Offsitegruppe-Lösung. Was genau ist damit gemeint? Bei der 1-zu-1-Lösung wird jedem Online-Teilnehmenden ein Onsite-Teilnehmender als Pate zugeordnet. Der Pate ist dann dafür verantwortlich, dass der Online-Teilnehmende gehört und einbezogen wird. Er/Sie reagiert beispielsweise, wenn die Wortmeldung des ihm zugeordneten Online-Teilnehmenden übersehen wird. Bei der 1-zu-Offsitegruppe-Lösung wird eine Person aus der Gruppe vor Ort bestimmt, die für alle Online-Teilnehmenden gleichzeitig diese Patenfunktion übernimmt. Diese Rolle kann auch rotierend weitergegeben werden.

Tipp 9: Gruppen mixen!

Das unserer Erfahrung nach beste Mittel, um die Präsenz- und Online-Teilnehmenden in einen guten Austausch zu bringen, sind gemischte Gruppenarbeiten, das heißt, Präsenzteilnehmende arbeiten mit Online-Teilnehmenden zusammen. Allerdings ist dabei zu beachten, dass es hier auch wieder technische Herausforderungen zu bewältigen gilt. Beispielsweise sitzen drei Präsenzteilnehmende vor einem Laptop und sind mit zwei weiteren individuell eingeloggten Online-Teilnehmenden in einem Virtual Classroom verbunden. Hier muss darauf geachtet werden, dass die Präsenzteilnehmenden nicht durcheinanderreden, sondern sich an eine klare Kommunikationsstruktur halten.

Tipp 10: Gut moderieren: Transparenz und Orientierung bieten!

In hybriden Events ist es besonders wichtig, immer wieder auf die Agenda einzugehen und mit allen zu besprechen:

An welchem Thema arbeiten wir gerade, was können wir jetzt abschließen, wie geht es weiter? Das hilft allen und insbesondere den Online-Teilnehmenden, nicht die Orientierung zu verlieren. Gleichzeitig sollte auch immer wieder Transparenz hergestellt werden, z. B. über die (Pausen-)Zeiten oder über den Umgang mit Online-Material. Eine stringente Moderation ist in hybriden Events viel wichtiger als in klassischen Face-2-Face-Veranstaltungen, weil der/die Trainer:in oder Moderator:in zwei verschiedene Bedürfnisse immer im Blick behalten muss: die der Präsenz- und die der Online-Teilnehmenden.

Fast Reader

1. Die wichtigsten Faktoren

Hybride Events sind bereits Realität der modernen Arbeitswelt und nicht mehr aus unserem beruflichen Alltag wegzudenken. Sie vereinbaren das Beste aus zwei Welten: die Face-2-Face-Situation vor Ort und die digitale Welt.

Die Verbindung dieser beiden Welten stellt uns vor neue Herausforderungen und Trainer:in, Moderator:in, Berater:in bzw. Veranstalter:in brauchen neue Kompetenzen.

- Ohne die richtige Vorbereitung leiden vor allem die online zugeschalteten Teilnehmenden, aber natürlich auch das Format an sich.
- Daher ist es zunächst sehr sinnvoll, sich ein paar theoretische Grundlagen und Herausforderungen vor Augen zu führen. Diese helfen, weitere Schritte für die didaktische Planung hybrider Settings einzuleiten.
- Die Cognitive Load Theory, die Social Presence Theory und der Proximity Bias sollten in den Überlegungen der Trainer:innen, Moderator:innen usw. unbedingt beachtet werden.

2. Hybride Formen

Zur guten Vorbereitung und erfolgreichen Umsetzung gehört auch der Grad der Interaktion und Aktivität der Teilnehmenden,

den man erreichen möchte. In einigen Formaten liegt der Fokus sehr stark auf Aktivierung und Einbindung, in anderen Veranstaltungsformaten auf dem zu vermittelnden Inhalt – hier befinden sich die Teilnehmenden eher in einer Zuhörerrolle.

Die verschiedenen Partizipationsmöglichkeiten bzw. Rollen der Teilnehmenden nennen wir kurz die 3 Gs: Ghost, Guest und Groupmember. Sie unterscheiden sich im Wesentlichen hinsichtlich des Einbezugs der Online-Teilnehmenden.

- Je höher der Einbezug, desto komplexer gestalten sich die didaktische Planung und der technische Aufwand.
- Alle 3 Gs haben ihre Berechtigung – allerdings muss man sich vor einer Veranstaltung klarmachen, was das Ziel ist und ob man es mit der jeweiligen G-Rolle erreichen kann.
- Unsere Empfehlung: In Meetings, Workshops und Trainings sollte der Online-Teilnehmende unbedingt ein Groupmember sein, beim Open-Space-Format bestenfalls Groupmember, wenn auch etwas weniger einbezogen (je nach Teilnehmendenanzahl).

3. Methoden, Tools und Technik

Mithilfe von ausgewählten Methoden in den hybriden Veranstaltungen oder Trainings kann die Aktivierung aller Teilnehmenden gelingen. Besonders der Einstieg ist sehr wichtig, um eine gemeinsame gute Grundlage für die weitere Zusammenarbeit zu schaffen.

Ganz wichtig: die eingesetzten Methoden müssen in beiden Welten funktionieren, keiner sollte (z. B. aufgrund unzureichender Technikmöglichkeit) ausgeschlossen oder hintangestellt werden.

- Der Gamification-Ansatz funktioniert in hybriden Settings sehr gut.
- Mit Voting-Tools können während einer Veranstaltung neue Arten der Aktivierung eingesetzt werden, die beide Welten gleichermaßen einbeziehen. Nur so ist echte Kollaboration möglich.
- Da in hybriden Settings die Online- und Präsenz-Welt miteinander verbunden werden soll, ist die Technik das A und O, sie wirkt als Bindeglied. Umso wichtiger ist es, sich vorher im Klaren zu sein, welche Ziele man mit den hybriden Veranstaltungen verfolgt, und daran die technische Ausstattung auszurichten.

4. Blick in die Zukunft

Hybride Events, so wie sie jetzt technisch möglich sind, sind noch lange nicht am Ende ihrer Entwicklung angekommen. Die Technik wird noch einiges an Überraschungen für uns als Trainer:innen bereithalten. Gerade für die nachwachsende Generation ist es bereits selbstverständlich und die Strukturen sind geschaffen.

Remote zusammenarbeiten ist Realität geworden. Verteilte Teams sind bereits Alltag und hybride Events sind und bleiben Standard. Wir dürfen also gespannt in die Zukunft blicken.

Die Autorinnen

Dinah Vetter ist Technikpädagogin (M.Sc.) und Learning Consultant bei der Corporate Learning & Change GmbH in Stuttgart. Seit mehreren Jahren bildet sie Live-Online-Trainer und -Trainerinnen aus und berät und begleitet Unternehmen in der Einführung und Umsetzung digitaler Lernformate und Lernstrecken. Sie konzipiert, trainiert und erstellt Lerninhalte für unternehmenseigene und unternehmensübergreifende Lernwelten und berät Kunden zu hybriden Events.

Larissa Cornely ist Bildungswissenschaftlerin (M.A.) und befasst sich mit verschiedenen Arten und Neuerungen des Lernens in der Erwachsenenbildung. Als Learning Consultant bei der Corporate Learning & Change GmbH in Stuttgart bildet sie Live-Online-Trainer:innen sowie hybride Trainer:innen aus und berät  Bildungsverantwortliche zu digitalen Lernformaten. Sie gestaltet außerdem unternehmenseigenen sowie unternehmensübergreifenden Online-Content.

Dr. Katja Bett ist Diplom-Pädagogin und promovierte zum Thema „E-Moderation". Die Expertin für E-Learning und Personalentwicklung ist Partnerin und Geschäftsführerin der Corporate Learning & Change GmbH. Sie verfügt über mehr als 20 Jahre Erfahrung im Bereich digitale Bildung. Ihre Schwerpunkte liegen im Bereich Consulting und Online-Training. Sie berät Unternehmen und Bildungsorganisationen beim Aufbau von Online-Akademien von der Toolauswahl bis hin zum Changemanagement und der lernpsychologisch fundierten Konzeption von digitalen und hybriden Lern- und Trainingsformaten. Sie bildet seit über 15 Jahren Online-Trainer, Blended-Learning-Experten, Online-Lernbegleiter und E-Learning-Autoren aus.

Kontakt:
Corporate Learning & Change GmbH
Viergiebelweg 24
70192 Stuttgart
Tel.: (0711) 50473635
E-Mail: info@clc-learning.de
www.clc-learning.de

Weiterführende Literatur

Aragon, Steven R. (2003): Creating social presence in online environments. In: New Directions for Adult and Continuing Education. Wiley, Hoboken (NJ, USA)

Bernardy, V.; Müller, R.; Röltgen, A. T.; Antoni, C. H. (2021): Führung hybrider Formen virtueller Teams. Herausforderungen und Implikationen auf Team- und Individualebene. In: Mütze-Niewöhner S. et al. (Hrsg.): Projekt- und Teamarbeit in der digitalisierten Arbeitswelt. Springer Vieweg, Berlin, Heidelberg

Bett, Katja (2019). Was ist eigentlich Didaktik und welche Bedeutung hat sie für digitale Lernformate. In: Jahrbuch 2019 eLearning & Wissensmanagement, eLearning Journal. Wulsbüttel

Bett, K. (2011): Rollen und Funktionen der E-Moderation. Eine qualitativ-quantitative Inhaltsanalyse der kommunikativen Akte von E-Moderatoren und E-Moderatorinnen in einem virtuellen Seminar. Dissertation. Tübingen

Bloom, B. S.; Engelhart, M. D.; Furst, E. J.; Hill, W. H. & Krathwohl, D. R. (Hrsg.) (1956): Taxonomy of Educational Objectives. The Classification of Educational Goals. Handbook I: Cognitive Domain. David McKay Company, Inc., New York

Boos, M.; Hardwig, T.; Riethmüller, M. (2017): Führung und Zusammenarbeit in verteilten Teams. Hogrefe, Göttingen

Heimann, Paul (1962): Didaktik als Theorie und Lehre. In: Die deutsche Schule: Zeitschrift für Erziehungswissenschaft, Bildungspolitik und pädagogische Praxis. Bd. 54 (1962), S. 407–472

Skulmowski, Alexander; Rey, Günter Daniel (2020): Subjective cognitive load surveys lead to divergent results for interactive learning media. In: Human Behavior and Emerging Technologies. Band 2, Nr. 2, 2020, S. 149–157

Tu, Chih-Hsiung (2000): Online-Lernmigration: Von der Theorie des sozialen Lernens zur Theorie der sozialen Präsenz in einer CMC-Umgebung. Zeitschrift für Netzwerk- und Computeranwendungen. 23: 27–37

Register